北美页岩气压裂技术

王永辉　车明光　等编著

石油工业出版社

内 容 提 要

页岩气压裂技术是页岩气成功开发的三大关键工程技术之一。本书根据我国页岩气开发的需要，在跟踪北美页岩气压裂改造技术研究基础上编写而成，紧密围绕压裂改造技术，共分九章，内容涵盖水平井压裂主体工艺技术、压裂材料、压裂配套工具与装备、压裂设计与施工规模参数、压裂裂缝监测、重复压裂技术和压后排采技术等技术领域。

本书对从事储层改造和页岩气勘探开发等相关工作的科技人员有借鉴和指导作用，亦可作为石油院校相关专业师生参考资料。

图书在版编目（CIP）数据

北美页岩气压裂技术 / 王永辉，车明光等编著. — 北京：石油工业出版社，2022.6
ISBN 978-7-5183-5047-6

Ⅰ.①北… Ⅱ.①王… ②车… Ⅲ.①油页岩–压裂–北美洲②油页岩–采气–北美洲 Ⅳ.①TE357.1②TE375

中国版本图书馆 CIP 数据核字（2021）第 257103 号

出版发行：石油工业出版社
　　　　　（北京安定门外安华里 2 区 1 号　100011）
　　　　　网　　址：www.petropub.com
　　　　　编辑部：（010）64523541
　　　　　图书营销中心：（010）64523633
经　　销：全国新华书店
印　　刷：北京晨旭印刷厂

2022 年 6 月第 1 版　2022 年 6 月第 1 次印刷
787×1092 毫米　开本：1/16　印张：11.75
字数：280 千字

定价：96.00 元
（如出现印装质量问题，我社图书营销中心负责调换）

《北美页岩气压裂技术》
编　写　组

主　　编：王永辉　车明光

副 主 编：卢海兵　王　萌　易新斌　修乃岭

主要成员：严星明　梁天成　王天一　段贵府

刘　捷　董　凯　何　封　杜　东

姜　伟　江　昀　段瑶瑶　杨艳丽

曾　波　宋　毅　姜　巍　张晓锋

补成中　胡晓华　王业众　李鹏飞

阮　峰

顾　　问：单文文　丁云宏

前　言

　　页岩气是指从页岩地层中产出的天然气，在世界各国都为能源安全和经济发展而不断寻找低碳资源的时候，页岩气已引起了大家的广泛关注。1980年，美国开始了页岩气的开采研究并成功开发，重塑了世界油气资源勘探开发新格局。美国已在20多个盆地进行页岩气的勘探开发，并对50多个盆地进行了资源前景调查，页岩气可采资源量为 $(15\sim30)\times10^{12}\,m^3$，2020年美国页岩气产量达 $7330\times10^8\,m^3$，约占美国总产气量80%，加拿大是全球继美国之后第二个实现了页岩气工业开采的国家。北美地区页岩气成功开发的经验表明，地震找"甜点"技术、水平井钻完井技术及水平井多段压裂技术是页岩气得以成功开发的三大关键技术。

　　自美国1981年第一口页岩气直井成功压裂以来，特别是近二十年来，美国页岩气水平井多段压裂技术快速发展，有力支撑了页岩气的高效开发。多年来，大量探索了水平井箱体部署、射孔、压裂段长、压裂规模及参数、压裂裂缝监测及压后排采等诸多技术，先后成功开发了巴内特（Barnett）、海恩斯维尔（Haynesville）、马塞勒斯（Marcellus）、迪韦奈（Duvernay）等气田，在压裂提产、降本增效方面取得了大量经验。页岩储层的极其致密特征决定了其开发必须采用强化手段——储层压裂改造技术，即通过人工手段在地层形成裂缝或裂缝网络，改善油气渗流条件，达到有效开采的目的。因此，页岩气藏也可称为"人造气藏"。压裂改造技术，是水平井多段改造技术的突破，推动了北美地区页岩气的快速发展，改变了世界能源格局。

　　我国页岩气资源丰富，可采资源量约为 $31.6\times10^{12}\,m^3$，排世界第一位，2020年页岩气产量已达 $200\times10^8\,m^3$，是天然气上产的重要接替领域。我国页岩气压裂始于2010年7月，经历了借鉴探索、引进吸收、自主创新、完善提高四个阶段，有力地支撑了我国页岩气产建工作。总体上看，压裂施工参数部分指标已达北美一般水平，也见到了不同程度的增产效果，但与快速发展的北美地区的技术对标仍有差距。北美地区的页岩气压裂技术一直是业内学习、借鉴的典范，其技术总体领先于我国，学习和借鉴北美地区的页岩气压裂技术，对我国页岩气开发工作少走弯路及高起点发展具有重要意义。

本书围绕页岩气压裂改造技术，共分九章。第一章由王永辉、杜东编写；第二章由车明光、严星明、王萌、段贵府编写；第三章由车明光、严星明、王萌、姜巍、王业众编写；第四章由王萌、段贵府、宋毅、车明光、杨艳丽编写；第五章由易新斌、姜伟、江韵、董凯、何封编写；第六章由车明光、严星明、王萌、曾波、张晓峰编写；第七章由卢海兵、修乃岭、梁天成、王天一、阮峰编写；第八章由车明光、段瑶瑶、江韵、李鹏飞编写；第九章由车明光、王萌、刘捷、补成中、胡晓华编写。全书由王永辉、车明光统稿。

在本书的编写过程中，得到了中国石油勘探开发研究院单文文教授、储层改造首席技术专家丁云宏的指导和大力帮助，一并表示衷心的感谢。

限于笔者水平有限，书中难免有差错与不足，敬请读者提出宝贵意见。

目　　录

第一章　页岩气压裂技术发展历程

北美地区页岩气的成功开发，在全球范围内掀起了页岩气勘探开发的热潮，北美地区从20世纪80年代就开始探索页岩气开采，积累了大量的经验和教训。北美地区页岩气开发实践表明，地震找"甜点"技术、水平井钻完井技术及水平井多段压裂技术是页岩气得以成功开发的三大关键技术。

页岩气压裂技术以美国第一个页岩气田——巴内特（Barnett）气田的应用最为典型，其发展主要经历了早期直井压裂、水平井压裂探索、水平井分段压裂及工厂化作业、水平井高密度完井压裂四个阶段。

一、早期直井压裂

1981—1998年，以直井压裂为主阶段，探索了泡沫压裂、常规压裂、大规模压裂及大规模滑溜水压裂，结果表明采用滑溜水压裂液体系可获得更高的产量，且压裂材料成本投入少。

1981年，米切尔能源发展公司（Mitchell Energy & Development Corp.，MEDC）公司钻探了东纽瓦克（East Newark）巴内特页岩气田的发现井——Slay 1井。1981年9月对下巴内特地层进行了压裂，为氮气泡沫压裂，理论计算的裂缝半长是76.2m。压裂后测试产量是$0.71×10^4 m^3/d$，该产量仍不足以要求修建管道。Slay 1井此次压裂位置为一个小型压裂，仅有很少的天然裂缝网络与这口井有沟通，当时研究认为页岩需要有开启的天然裂缝网来储存天然气和保证渗透率。

1982—1986年，MEDC公司有41口井钻至巴内特页岩层，工程人员进行了不同类型和规模的压裂试验。最初注入的是泡沫水压裂液，后来为了获得更长的压裂裂缝，采用了氮气伴注交联泡沫压裂液。其中多井被施以大规模的水力压裂技术（MHF），按规模从76.2m至457.2m不等的理论计算裂缝半长。瓜尔胶压裂液用量达到$1900m^3$，20/40目的支撑剂用量为44~680t，压裂泵注排量大于$6m^3/min$。随着裂缝长度的增加，这批井中的许多井在最初产量方面有相应的增加。457.2m的裂缝半长设计值获得了$(2.6~3.1)×10^4 m^3/d$的初始日产量，因此公司决定将该设计值作为标准，并对生产进行监测，建立递减曲线和经济模型。

到1989年，已有足够多的井和生产历史可供参考，数据表明，初始产量在$(2.6~3.1)×10^4 m^3/d$的气井可以预期在25年生产期内生产大约$2830×10^4 m^3$的天然气。当时的共识是每口井$2830×10^4 m^3$的开采量在预期产品定价的前提下，可满足MEDC公司的经济标准。但经济模型表明，该方案不能承担大量地质方面和工程方面的风险。提升经济性的唯一途径是增加初始产量和最终可采储量（EUR）或减少成本。

1990年以后，巴内特所有的页岩气井都采用大型压裂技术，典型井产量为（1.6~

1.9)×10⁴m³/d。但大多数巴内特页岩因为气藏渗透率极低，无法有效清除瓜尔胶对裂缝的伤害，加之大型压裂成本高，使得压裂井无法达到经济性开采，经济收益不足。最终提出采用得克萨斯州东部迦太基（Carthage）油气田棉花谷（Cotton Valley）砂岩层使用联合太平洋铁路公司（UPR）开发的滑溜水压裂。最初的估算表明，压裂成本可以减少到当时用瓜尔胶压裂成本的20%。1997年5月，进行了第一次滑溜水压裂作业，此举是为了改善天然气价格下降之后经济情况所做的一个尝试，用水6000m³以上，支撑剂100m³以上，成本降低了25%。随着时间的推移并且做了小幅修改，1998年9月，该技术作为疏松砂岩压裂（light sand fractures，LSFs）技术在巴内特页岩得到广泛应用。至1998年10月，在巴内特页岩中大规模采用水压裂和重复压裂，滑溜水压裂比大型冻胶压裂效果好，产量一般增加25%，达到3.54×10⁴m³/d。这些新压裂技术不仅能够减少大约50%的成本，且在大多数情况下，它们也能获得相近的初始产量和更高的后续稳定产量。

在17年时间里，MEDC公司成功地证明了巴内特页岩源岩是可行且盈利的区带，然后通过使用新（老）技术增加了该区带的价值，增加了产量并在有潜力区域内获得了大量地盘。

二、水平井压裂探索

1998—2003年，探索了水平井压裂，采用传统垂直井2.5~3.0倍的大规模压裂，取得了2~3倍直井的产量，获得了重大突破。

MEDC公司在1991年加入了美国天然气研究院（GRI）和美国能源部（DOE），在巴内特钻探了一口水平测试井来评估该技术在页岩井中的商业性应用。在对下套管的水平井的未注水泥部分使用了一次瓜尔胶压裂后，该井被证明不具有经济性。

然而，在监测该井数年后，该团队相信水平井可以用于脆性或无下隔层区域，并推荐钻两口水平井——分别垂直和平行于最大水平主应力方向。这些井钻于1998年，位于巴内特非商业性区域。两口井开始都采用与垂直井相同的压裂施工规模。结果表明垂直最大水平主应力方向的水平井优于平行方向的水平井，认为这在工程方面是成功的，原因是裂缝控制在了一定范围内；但是在商业方面是失败的，原因是有限的施工规模不足以产生足够的EUR来补偿建井成本。技术有改进空间，以期在水平井中进行更大规模的压裂作业，如果再使用更多的压裂液，可以发现具有较差下隔层的巴内特大区域富集气藏。

MEDC公司的工程师们相信通过增加压裂规模，就可以达到商业价值。但是该公司在1999年晚期被公开发售，其余的水平井被暂时搁置。从2000年早期直到2001年5月，MEDC公司钻了第600口在巴内特地区的井，重点聚焦于钻开发井。

2001年8月，MEDC公司宣布与德文能源（Devon Energy）公司合并，公司合并后增加了648km²的核心开发区域内的钻探和重复压裂活动。

在公司合并后的4个月内，批准了其先期水平井；这些井中的第一批于2002年12月和2003年1月开始生产。第一批中的两口井是在韦思（Wise）县的非商业区钻的，即C.J Harrison A-2井和O.H. McAlister16井，两口井都异常成功，其压裂规模是传统直井的2.5~3.0倍。Harrison A-2井产量是7.1×10⁴m³/d，O.H. McAlister 16井的产量超过8.5×10⁴m³/d。

三、水平井分段压裂及工厂化作业

2004—2013年，对水平井分段多簇压裂方面进行了大量的技术探索，如水平井箱体部署、射孔、压裂段长、压裂规模及参数、压裂裂缝监测及压后排采等技术。

这一时期，四个主要技术应用加速了页岩气的开发：（1）使用滑溜水压裂液替代瓜尔胶、气体或泡沫压裂液，用很少的添加剂（极低的黏度）；（2）水平井替代直井占主导地位；（3）10~20段甚至更多段的压裂增加了裂缝与地层接触面积，提高了井的初始产量和采收率；（4）在井组中相邻井进行"拉链"式或同步式压裂增大裂缝波及范围，产量比单井压裂时高。

2003—2004年，初期水平井分段压裂技术仅分2~4段压裂。随着水平井分段压裂及滑溜水压裂技术的快速普及，水平井多段压裂被证明能获得更好的效果。

巴内特页岩成功开发之后带动了海恩斯维尔（Haynesville）、马塞勒斯（Marcellus）、迪韦奈（Duvernay）等页岩气的快速开发。随着水平井数量的增加，水平井多段压裂分段工艺、改造段数、射孔、压裂规模及压裂施工参数等不断完善，压裂效果也不断改善。

水平井多段压裂按分段方法不同，分为裸眼滑套封隔器多段压裂、水力喷射多段压裂及射孔与桥塞联作分段多段压裂。随着分段技术的发展，北美地区页岩气水平井的主体改造技术为桥塞分段改造技术，少部分采用套管阀分段改造（图1-1）。

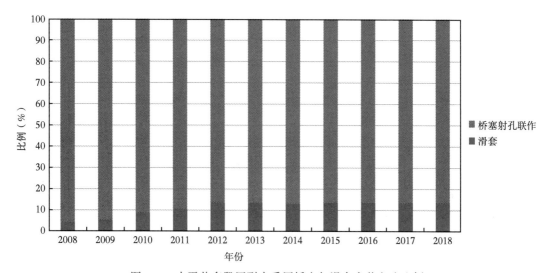

图1-1 水平井多段压裂中采用桥塞与滑套完井方法比例

2006年，水平井分段压裂技术开始普及，随着水平段长的增加和压裂技术的发展，单井压裂逐渐可达十多段，单段段长80~100m、1~3簇射孔，加砂强度1.5~2.2t/m，液体主要采用滑溜水体系，部分塑性较强的页岩储层采用了滑溜水与线性胶或交联液的复合压裂液体系，支撑剂主要采用石英砂，以40/70目、70/140目小粒径为主，部分高闭合压力的深层页岩气开采时采用了陶粒支撑剂。这一阶段为技术发展阶段，主要创新重点是地质工程一体化方法应用于页岩水平井压裂方案设计。

2005 年开始，随着平台井的增加，为了提高作业效率，一套车组干 2~3 口井的交错压裂，与两套车组同时压裂两口井的同步压裂均应用于现场。现场实践表明，相邻两口井的同步压裂获得了更高的压裂后产量，同步压裂产量比单独压裂提高 20%~55%。分析认为两口相邻井同时压裂可促进地应力场发生改变，有利于形成更为复杂的裂缝网络。由于压裂对地应力影响的时效性、两套车组组织的复杂性及作业效率等问题，后续压裂作业主要采用交错压裂方式。

水平井组大规模分段压裂技术的应用促进了工厂化压裂技术的发展。工厂化压裂就像工厂复制产品一样，在一个固定场所，连续不断地泵注压裂液和支撑剂。工厂化压裂可以大幅提高压裂设备的利用率，减少设备动迁和安装，减少压裂罐拉运，降低工人劳动强度。北美地区的开发实践证明，在页岩气开发中应用工厂化压裂技术可以提高压裂施工效率、缩短投产周期、降低采气成本。

四、水平井高密度完井压裂

2014—2019 年，水平井分段压裂技术进一步发展，以更多簇数、小簇间距的高密度完井压裂为主要特征，不断探索缩小簇间距、提高加砂强度、使用廉价石英砂等提产、降本增效技术，进一步提高了产量，降低了投入产出比。

以段长 30~50m、单段簇数 5~8 簇、簇间距缩 3~10m、加砂强度 2~3t/m 等为主的提高单井产量技术，全面应用滑溜水压裂液、小粒径石英砂及就近取砂等为主的降低压裂成本技术。

该阶段显著特点有四点：一是簇数增加、簇间距缩小；二是加砂强度进一步提高，多在 2~3t/m、部分达 4~7t/m；三是就地取砂采用更便宜的黄砂作为支撑剂，且 70/140 目石英砂占比提高，甚至部分井全部采用 70/140 目小粒径石英砂；四是单井 EUR 进一步提高，高达 $(4.2~8.5) \times 10^8 m^3$（图 1-2、图 1-3，表 1-1）。

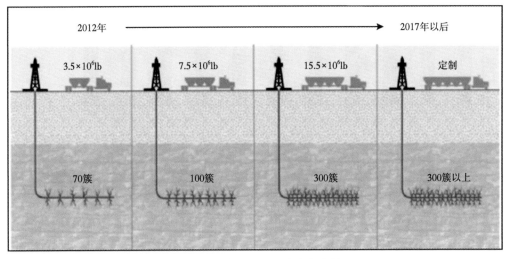

图 1-2　簇数及加砂强度变化趋势

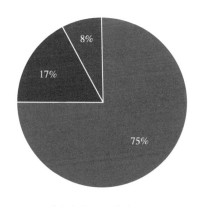

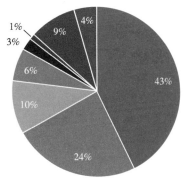

　北方白砂　　■黄砂　　■其他

　■北方白砂　　　　　　　　■本地砂（二叠盆地）
　■本地砂（鹰滩）　　　　　■本地砂（米德兰）
　■本地砂（海恩斯威尔）　　■本地砂（DJ盆地）
　■黄砂　　　　　　　　　　■其他

（a）2014年压裂用石英砂市场分布　　　　（b）2019年压裂用石英砂市场分布

图1-3　就地取砂所占比例

表1-1　美国非常规油气压裂石英砂用量统计表

主要区块或盆地	所属州	压裂用砂量（10^6t）	石英砂占比区块/盆地（%）	石英砂占总支撑剂用量（%）
鹰滩（Eagle Ford）伍德拜恩（Woodbine）盆地	得克萨斯州	9.50	30.0	95
阿巴拉契亚（Appalcchia）盆地，包括马塞勒斯（Marcellus）和尤蒂卡（Utica）页岩	美国东北部	6.80	22.0	100
二叠（Permian）盆地	新墨西哥州、得克萨斯州	5.30	17.0	90
巴肯（Bakken）区块	蒙大拿州、北达科他州	2.20	7.0	98
阿纳达科（Anadarko）盆地	堪萨斯州、俄克拉荷马州、得克萨斯州	2.10	6.6	91
丹佛朱尔斯堡（Julesburg）盆地	科罗拉多州、堪萨斯州、内布拉斯加州、怀俄明州和南达科他州	1.30	6.2	98
海恩斯维尔（Haynesville）区块	路易斯安那州、得克萨斯州	1.30	4.1	93
巴内特（Barnett）区块	得克萨斯州	0.90	2.9	99
费耶特维尔（Fayetteville）区块	阿肯色州	0.45	1.5	100
尤因塔（Uinta）盆地	犹他州	0.32	1.0	89
匹斯恩斯（Piceance）盆地	科罗拉多州	0.26	0.8	96
其他	各州	0.83	2.7	91
总计		31.26	99.8	

第二章 北美典型区块储层特征

世界上的页岩气资源研究和勘探开发始于美国，美国和加拿大是页岩气规模开发最早的两个主要国家。本章主要介绍北美地区几个典型页岩区块的储层特征，为后续压裂改造技术及新区评价提供一定的认识。

第一节 巴内特（Barnett）区块

巴内特页岩为密西西比系页岩，位于美国得克萨斯州北部的沃恩堡市（Fort Worth）盆地和二叠（Permian）盆地，横跨25个郡，面积（2~3）×10⁴km²。

根据储层特征差异，巴内特页岩被分为两个区——核心区（Ⅰ类区）和未开发区。从历史上看，大多数巴内特页岩气产量来自位于丹顿（Denton）郡、韦思（Wise）郡和塔兰特（Tarrant）郡的东纽瓦克（Newark East）气田和其周边的核心区。之后，巴内特页岩气开发区块由核心区向北扩展到了蒙塔古（Montague）郡和库克（Cooke）郡，向南延伸至帕克（Parker）郡和约翰逊（Johnson）郡。勘探工作已向西、向南和向东扩大至克莱（Clay）、杰克（Jack）、帕洛平托（Palo Pinto）、伊拉斯（Erath）、霍德（Hood）、萨默维尔（Somervell）、汉密尔顿（Hamilton）、博斯克（Bosque）、达拉斯（Dallas）、埃利斯（Ellis）和希尔（Hill）等郡。

一、沉积与构造地质背景

巴内特页岩出露于盆地南部边缘的利亚诺（Llano）隆起。其地质边界包括东部的瓦西塔（Ouachita）冲断带前缘、北部的明斯特（Muenster）背斜和红河（Red River）背斜及西部的东大陆架和康乔（Concho）背斜。巴内特页岩气藏南北向剖面和东西向剖面分别如图2-1和图2-2所示，巴内特页岩在东北部储层厚（150m）且深（大于2550m），向

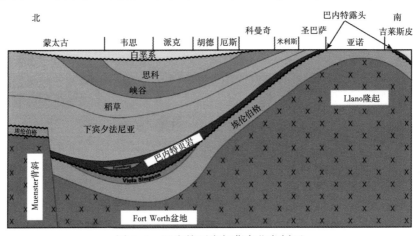

图 2-1 巴内特页岩气藏南北向剖面

西、向南储层逐渐减薄（60m）、变浅（小于1200m）。巴内特页岩上覆（马布勒福尔斯）（Marble Falls）石灰岩，下部为不整合的微林（Viola）组石灰岩的艾伦伯格（Ellenburger）组石灰岩。巴内特页岩气可采储量预测为 $12460 \times 10^8 m^3$。

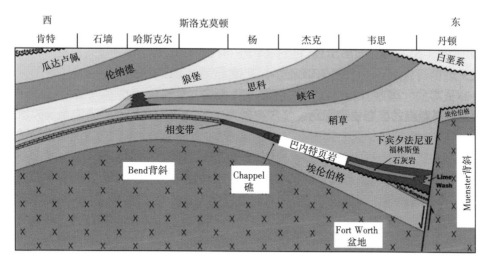

图2-2　巴内特页岩气藏东西向剖面

二、储层物性特征

巴内特页岩孔隙及孔隙通道 SEM 图像如图 2-3 所示，页岩中存在许多粒内孔，可能是在干酪根热解生成油气的过程中产生的，与主要断层相邻的基质孔隙有部分被方解石充

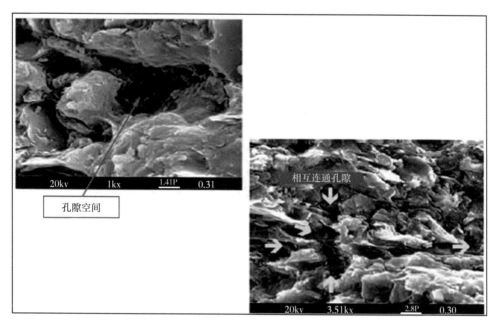

图2-3　巴内特页岩孔隙及孔隙通道 SEM 图像

填。根据压汞分析和扫描电子显微镜结果，80%的孔喉直径小于5nm（图2-4），约为一个甲烷分子的50倍。巴内特页岩气生产区的平均孔隙度为3%~6%，而非生产区的孔隙度低至1%。

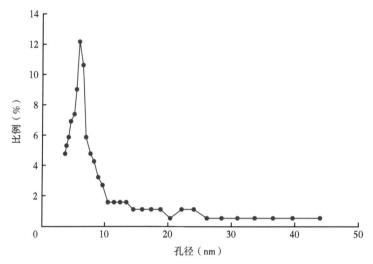

图2-4 巴内特页岩样品压汞毛细管力分析结果

巴内特页岩基质渗透率范围从微达西级至纳达西级不等。高的渗透率值范围在0.02~0.10mD之间，而低值范围在0.00007~0.0005mD。影响地层渗透率的地质因素比较复杂，其渗透率大小受天然裂缝、断层和地应力的影响。

巴内特页岩含气饱和度70%~80%，气体储存在孔隙、微裂缝中，以及吸附在固体有机质和干酪根上。吸附气含量低至20%~25%，高至40%~60%，与地层压力有关。地层压力从常压至略微超压，常压压力梯度下的地层压力范围为20~27MPa，钻井深度范围为1200~2500m。

巴内特页岩矿物组分见表2-1，页岩中石英含量高，岩石脆性强，天然裂缝较发育，有利于储层改造。通过水力压裂诱导可以产生复杂的相互连通的裂缝网络，形成更大的泄流面积。

表2-1 巴内特页岩矿物组分

矿物组分	百分比含量（%）
石英	35~50
黏土（主要为伊利石）	10~50
碳酸盐岩、白云石、菱铁矿	0~30
长石	7
黄铁矿	5

巴内特页岩的非均质性较强，以巴内特页岩气开发核心区为例（位于丹顿郡、怀斯郡和塔兰特郡），储层深度 1500~2400m，平均深度 2300m，厚度范围 30~150m，在 TOC（4%~8%）、热成熟度（0.08%~2%）、孔隙度（3%~5%）、渗透率（0.00007~0.0005mD）和含气量（2.8~8.5m³/t）等方面，其参数分布区间较大，存在较大差异。

第二节　海恩斯维尔（Haynesville）区块

海恩斯维尔页岩横跨路易斯安那州西北部和得克萨斯州东部，面积（2~3）×10⁴km²。美国地质调查局估计，海恩斯维尔页岩气田拥有 4.9×10¹²m³ 的技术可开采页岩气资源，这是美国仅次于阿巴拉契亚地区的第二大页岩气田。

海恩斯维尔页岩是近年来美国页岩气勘探开发的热点，属于美国第二大页岩气盆地。其特点是储层深度较大，地层异常高压，单井初始产量高，居北美地区所有页岩气藏之首，近几年产量上升迅猛。它位于路易斯安那州北部和得克萨斯州东部，埋深大于 3000m。气井初始产量可达 56.6×10⁴m³/d 或更多，每吨页岩可产 2.83~9.34m³ 的天然气。

海恩斯维尔高产核心区分布如图 2-5 所示，位于路易斯安那州的喀多（Caddo）郡、德索托（DeSoto）郡、红河（Red River）郡、比恩维尔（Bienville）郡和博西尔（Bossier）郡的交界处以及得克萨斯州萨诺古斯汀（San Augustine）郡北部。

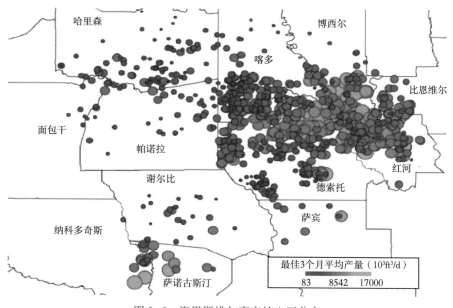

图 2-5　海恩斯维尔高产核心区分布

海恩斯维尔页岩的开发始于 2004 年，2007 年 12 月钻第一口水平井，2011 年有 160 台钻机施工，截至 2017 年 11 月底总共已经有 2900 多口水平井。产量快速攀升，年产量由 2008 年的 7×10⁸m³ 激增到 2017 年的 670×10⁸m³（图 2-6）。

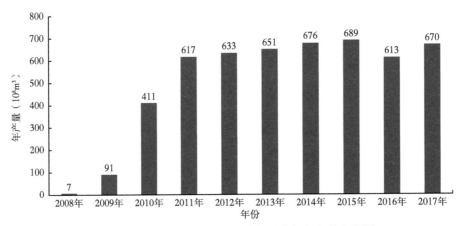

图 2-6 2008—2017 年海恩斯维尔页岩气年产量变化图

一、沉积与构造

海恩斯维尔页岩由古代河系沉积，如图 2-7 所示，沿阿肯色州与路易斯安那州交界处逐渐增厚，最厚达到 122m，向南经路易斯安那州的博西尔郡、红河郡和德索托郡以及得克萨斯州的谢尔比（Shelby）郡逐渐减薄至 55m。北部最厚的区域沉积页岩厚度大、黏土含量高，南部区域的页岩富含方解石。

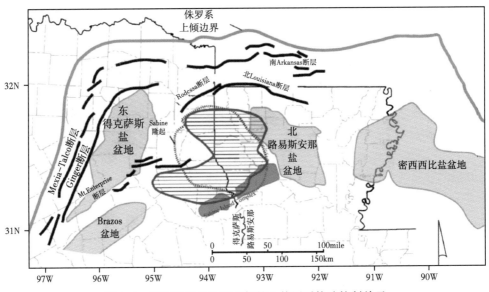

图 2-7 墨西哥湾盆地西北部的上侏罗系构造控制单元

海恩斯维尔页岩沉积环境为从碳酸盐岩地台附近的钙质页岩向三角洲沉积盆地的硅质页岩过渡（图 2-8）。

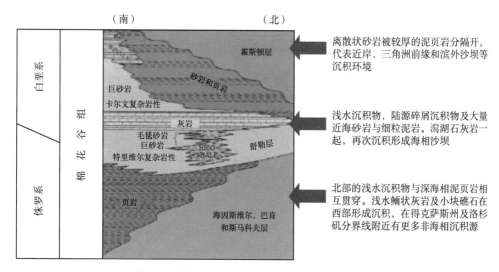

图 2-8　棉花谷（Cotton valley）组层序柱状图

二、储层特征

海恩斯维尔页岩为上侏罗统黑色富有机质页岩，TOC 含量为 2%~6%。埋深为 3000~4700m，温度为 149~177℃，地层压力超过 69MPa。有机质内部的粒间孔隙为纳米孔，有效孔隙度为 5%~11%，游离气含量占 80% 以上。海恩斯维尔页岩矿物组分分布如图 2-9 所示，含有大量碳酸盐矿物，矿物组分中黏土矿物占 25%~35%，方解石占 5%~30%，杨氏模量 6900~24000MPa，泊松比 0.21~0.30。

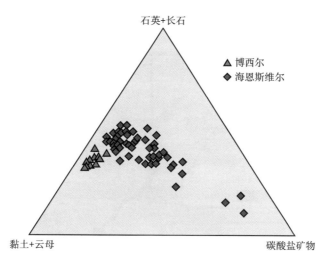

图 2-9　海恩斯维尔页岩矿物组分分布

海恩斯维尔页岩的岩石矿物组成中碳酸盐矿物含量较高，孔隙度、总含气量相对较大，优质页岩的厚度相对较厚。

海恩斯维尔页岩气田游离气储量丰度如图 2-10 所示，海恩斯维尔页岩气田总游离气

储量约 $19.8 \times 10^{12} m^3$，净游离气储量约（$12.8 \sim 13.8$）$\times 10^{12} m^3$，游离气储量占比约80%，吸附气储量占比约20%。技术可采储量约 $4.16 \times 10^{12} m^3$，游离气储量丰度整体呈现出中部和南部高，向周围降低的趋势，高值主要分布在德索托郡北部、纳卡多奇斯（Nacogdoches）郡南部、红河郡南部，约（$11.95 \sim 17.5$）$\times 10^8 m^3/km^2$。

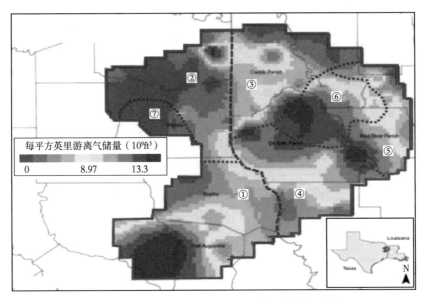

图 2-10　海恩斯维尔页岩气田游离气储量丰度图

海恩斯维尔页岩气田 EUR 分布图如图 2-11 所示，该区块不同级别 EUR 交互分布，中东部里海（Caspiana）核心区高产井分布集中，且占比相对较大。

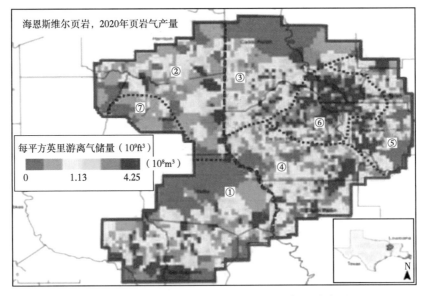

图 2-11　海恩斯维尔页岩气田 EUR（20 年）分布图

第三节　马塞勒斯（Marcellus）区块

马塞勒斯页岩气藏是迄今为止北美已投入开发的最大页岩气藏之一，总面积约 $24.6 \times 10^4 km^2$。马塞勒斯页岩在阿巴拉契亚（Appalachian）盆地内部广泛发育，页岩地层由西南向东北方向延伸近 965 千米，主要在纽约州、宾夕法尼亚州、俄亥俄州、西弗吉尼亚州、马里兰州和弗吉尼亚州的 $19.4 \times 10^4 km^2$ 范围内发育。马塞勒斯页岩为泥盆纪时期浅海沉积而成，页岩层埋深 1200~2600m，储层厚度 15~60m。

马塞勒斯页岩在阿巴拉契亚盆地东部边界（弗吉尼亚州至宾夕法尼亚州）和北部（纽约州）出露至地表，该区域已进行了详细的地质研究。气藏的近似边界为东至阿勒格尼（Allegheny）构造前缘、东北部至阿迪朗达克（Adirondack）隆起、西部至韦弗利（Waverly）或辛辛那提（Cincinnati）背斜。通常认为页岩地层厚度超过 15m 的区域为开发潜力较大的核心区。马塞勒斯页岩气藏的核心区主要包括宾夕法尼亚州、西弗吉尼亚州和纽约州地区，核心区总面积约为 $13 \times 10^4 km^2$。针对页岩气的勘探、矿权租赁、市场准入、钻井和地层评价活动也主要集中在上述三个州。马塞勒斯页岩气藏的核心区主要由美国地质调查局（USGS）给出的泥盆纪页岩中部和上古生代全部油气系统评价单元组成。马塞勒斯页岩评价单元划分为 7 个区域，匹兹堡盆地（Pittsburgh Basin）、东罗马海槽（Eastern Rome Trough）、新河（New River）、Portage 斜坡、宾夕法尼亚—约克高原（Penn-York Plateau）、西萨斯奎哈纳（Western Susquehanna）和卡茨基尔（Catskill）。

美国地质调查局（USGS）指出马塞勒斯页岩气藏的技术可采储量超过 $8.5 \times 10^{12} m^3$。

马塞勒斯页岩呈层状，缺乏生物扰动，主要矿物为 9%~35% 的混合层黏土、10%~60% 的石英、0~10% 的长石、5%~13% 的黄铁矿、3%~48% 的方解石、0~10% 的白云石（下部马塞勒斯段碳酸盐矿物更丰富）及 0~6% 的石膏。

马塞勒斯地层的总有机碳含量（TOC）在 1%~20% 之间。不同区域和地层内的泥盆系页岩有机质含量变化幅度较大。马塞勒斯底部页岩层有机质含量在西弗吉尼亚州北部和宾夕法尼亚州西南地区出现最高值 6%，在阿巴拉契亚盆地中心部位有机质含量下降为 2%~4%。马塞勒斯顶部页岩层的有机质含量在俄亥俄州中心部位出现最高值 6%，俄亥俄州东部和宾夕法尼亚西南地区对应的有机质含量下降 2%~4%。良好的烃源岩通常含有 2.0% 或更高的 TOC。

马塞勒斯页岩的热成熟度值（基于镜质组反射率，岩心样品的 R_o 测量值）沿东南方向增加，整个阿巴拉契亚盆地的 R_o 从 0.5% 到超过 3.5%。当热成熟度值大于 3.5% 时，马塞勒斯页岩的油气生产潜力可能会出现问题。热成熟度主要由埋藏深度决定。马塞勒斯区块的干天然气井大多位于该区块的东部，富液气井通常位于西部。在宾夕法尼亚州西南部和西弗吉尼亚州北部，干气产区的 R_o 在 1.0%~2.8% 范围内。

马塞勒斯页岩孔隙度主要由粒间孔隙和裂缝两个部分组成，其中粒间孔隙主要是指粉砂岩、黏土颗粒和有机质中的基质孔隙，平均孔隙度在范围在 6%~10% 之间。粒间孔隙中同时存储游离气和吸附气，多数粒间孔隙形成于有机质热分解形成石油的阶段。页岩中有机质热成熟度较高时（$R_o > 2.0$），基质孔隙度通常为 2% 或更高。

页岩极低的渗透率源于有机质的塑性压缩作用，马塞勒斯页岩的渗透率主要受作用在岩石上的地应力的影响，双重的净围压使得岩石的渗透率下降接近 70%。

马塞勒斯气藏压力约 27.6MPa，地层具有轻微超压特征，超压区主要分布在宾夕法尼亚州东北和西南地区、西弗吉尼亚州东北地区。在马塞勒斯页岩气藏的核心区，压力梯度范围在 0.010~0.012MPa/m。图 2-12 给出了马塞勒斯页岩气藏在西弗吉尼亚州地区的地层压力梯度分布。

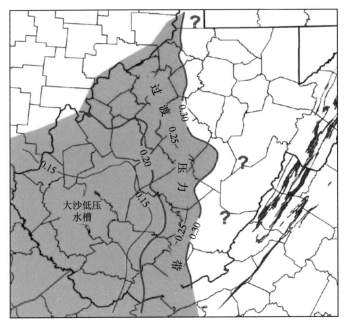

图 2-12　西弗吉尼亚州马塞勒斯页岩地层压力梯度（psi/ft）分布图

马塞勒斯页岩含气饱和度范围在 55%~80% 之间，含水饱和度范围为 20%~45%。气藏开发过程中地层水几乎不能产出，表明页岩中没有自由水相，水相的相对渗透率为零。

第四节　迪韦奈（Duvernay）区块

一、概况

迪韦奈区块位于加拿大阿尔伯特省中西部，在构造上位于西加盆地的深盆。迪韦奈页岩气藏属泥盆系页岩凝析气藏，是西加盆地主要的烃源岩之一。湿气区间内平面上分布在凯博（Kaybob）、埃德森（Edson）、WG 三大区域，按地理位置划分为西蒙内塔（Simon-ette）、平托（Pinto）、埃德森和威尔斯登格林（Willesden Green）4 个区块。截至 2018 年 12 月 31 日，都沃内项目迪韦奈页岩租地面积 1554.56km²（607.25 个区块），其中西蒙内塔区块租地面积 728.32km²、威尔斯登格林区块租地面积 725.12km²、平托区块租地面积 15.36km²、埃德森区块租地面积 85.76km²（图 2-13）。

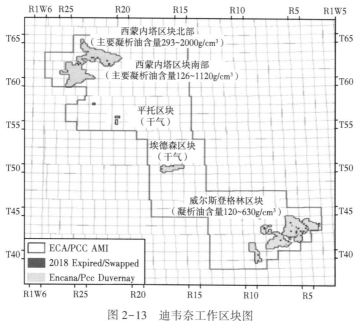

图 2-13　迪韦奈工作区块图

　　都沃内项目核心开发区块西蒙内塔区块迪韦奈页岩按凝析油含量（CGR）划分为 4 个区带（图 2-14）：特高含凝析油区带（630g/m³＜CGR＜1125g/m³）、高含凝析油区带（293g/m³＜CGR＜630g/m³）、含凝析油区带（23g/m³＜CGR＜293g/m³）和挥发油区带（CGR＞1125g/m³）。其中挥发油区带包含 101 个区块（258.6km²），占西蒙内塔区块迪韦奈页岩总租地面积的 35.5%。挥发油区带油资源量 1.62×10^8t，约占西蒙内塔区块总油资源量的 40.7%。

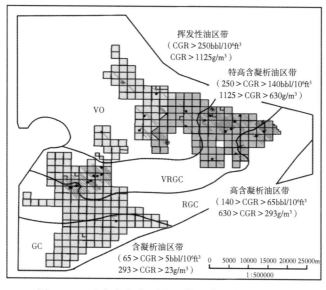

图 2-14　迪韦奈主力开发区块西蒙内塔区带分布

二、储层特征

泥盆系迪韦奈组页岩，位于加拿大西加沉积盆地最深处，属泥盆系页岩凝析气藏，面积 1688.32km²，天然气、LNG 和油的资源量分别为（353～540）×10^{12} ft³、（75～163）×10^8bbl 和（441～829）×10^8bbl。迪韦奈页岩与勒杜克（Leduc）碳酸盐岩同期异相，形成于晚泥盆世弗拉斯尼亚（Frasnian）早期正常海相，富含有机质沉积环境，勒杜克组沉积降低了水体循环能力，缺氧水体有利于迪韦奈页岩有机质保存。迪韦奈页岩埋深 1000～5500m、厚度 0～100m，页岩北部和西北部为勒杜克组礁体，东南部和西部为碳酸盐岩台地。迪韦奈页岩干酪根为 II 型、TOC 含量 2%～6%（平均 3.5%）、R_o 为 0.6%～2.9%（平均 1.2%），吸附气含量 0.5～2.5m³/t，是西加拿大沉积盆地尼斯库（Nisku）组、勒杜克（Leduc）组和天鹅山（Swan hill）组等组泥盆系油气藏油气的主要来源。东北—西南向的 Rimbey—Meadowbrook 礁带将迪韦奈页岩分为东西两个页岩盆地，富液页岩气勘探集中在西页岩盆地的油窗—湿气窗范围（图 2-15）。在富液页岩气带内，迪韦奈页岩具有纯页岩厚度薄（5～45m）、吸附气比例低（5.6%～8.5%）、单位面积资源量丰度高及含液比例高的特点。

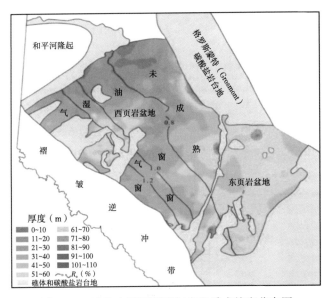

图 2-15　迪韦奈页岩厚度与有机质成熟度分布图

西蒙内塔区块迪韦奈组页岩发育于晚泥盆世弗拉斯尼亚早期，为一套最大海侵期的富沥青质暗色页岩，上覆艾顿（Ireton）组泥灰岩，下伏马约湖（Majeau Lake）组泥灰岩，该区迪韦奈页岩底部发育碳酸岩隔夹层，隔夹层厚度最大 16m，平均厚度 7m，从北东向南西逐渐变薄，区块西南部不发育（图 2-16）。西蒙内塔区块迪韦奈组整体为一向西南倾的单斜构造；最大厚度 56m，最小厚度 9m，平均厚度 39m，有效厚度 30～45m（平均 39m），具有东南厚、西北薄的变化特征。西蒙内塔区块北部平均埋深 3500m，平均地层压力 64MPa，地层压力系数 1.8；南部平均埋深 3800m，平均地层压力 80MPa，地层压力系数 2.1，属异常高压系统。西蒙内塔区块温度梯度在 3.1～3.7℃/100m，温度范围 70～130℃。

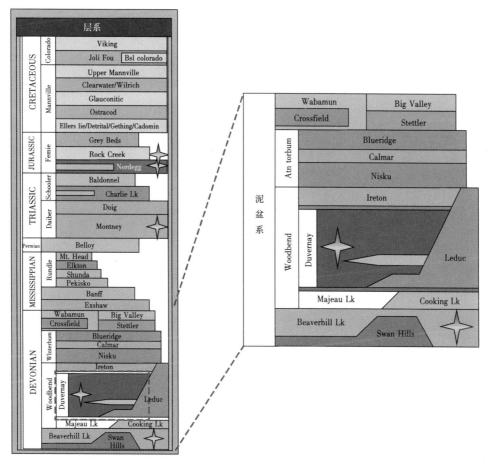

图 2-16 迪韦奈区域地层柱状图

迪韦奈组页岩岩心物性测定有效孔隙度 3%~6%，以有机可孔为主，具有较高的连通比；渗透率 0.0001~0.0003mD。迪韦奈储层矿物组分石英含量最高，占比 49.4%，其次为黏土矿物和方解石，分别为 20.7% 和 11.6%（图 2-17）。另外，迪韦奈页岩储层岩石硬度较大，西蒙内塔区块杨氏模量为 37GPa，泊松比为 0.17；威尔斯登格林区块杨氏模量为 34GPa，泊松比为 0.21。

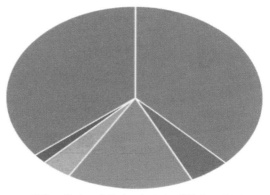

■石英 ■长石 ■方解石 ■白云石 ■黄铁矿 ■黏土矿物

图 2-17 迪韦奈组页岩岩心矿物组分分析

截至 2019 年底，主力区块西蒙内塔主力层组迪韦奈已钻分段压裂水平井 168 口，迪韦奈组平均高峰产气 $7.2 \times 10^4 \text{m}^3/\text{d}$，平均高峰产凝析油 81.3t/d，分段压裂水平井气和凝析油产量均呈现前期递减较快、后期递减逐渐变缓的趋势。

第三章　水平井压裂主体工艺技术

北美地区页岩气采用水平井压裂开发以来，相对于直井压裂显示了良好的增产效果，其压裂工艺技术也不断进步，经历了由初期的笼统压裂到多段压裂、高密度完井压裂等阶段。随着水平井多段压裂工艺技术的发展，压裂分段数已由初期的4~6段，发展到50~60段，甚至可以实现更多段的压裂。根据水平井分段改造工具的不同，北美地区页岩气水平井分段压裂主体工艺技术有"多簇射孔+桥塞分段"（PNP）压裂技术，多级套管滑套分段压裂技术和水力喷射多段压裂技术等，以PNP分段压裂为主流技术。

第一节　多簇射孔+桥塞多段压裂技术

经过十多年的发展，PNP多段压裂工艺已经成为北美地区页岩气水平井分段压裂的主体工艺技术，其主要特点是适用于套管完井的水平井，工具主要由多簇射孔枪和桥塞组成。

一、工艺原理

将定位仪、多个射孔枪及复合材料桥塞等串联在一起，采用电缆输送式射孔+桥塞联作施工，水平段通过向井筒泵送液体的方式将射孔枪及桥塞输送到目的层，坐封桥塞后上提电缆，在预定的不同深度处逐级定位，多个射孔枪依次在不同的深度点火射孔，最后起出电缆再进行水力压裂。如此循环即可对整个水平层段完成分段射孔和压裂。压裂作业完成后，钻除全部桥塞。桥塞分段示意图如图3-1所示。

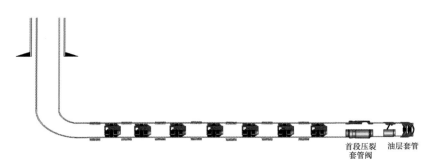

首段压裂　　油层套管
套管阀

图3-1　桥塞分段示意图

二、工具配置

桥塞工具需具有良好的下入性、可靠性、丢手性及密封性，其规格与套管匹配，可满足地层温度及施工压力要求。

工具配置有电缆输送和连续油管输送两种方式：（1）电缆输送：桥塞+桥塞坐封工具+多簇射孔器+定位器+电缆加重+打捞头+电缆；（2）连续油管输送：桥塞+桥塞坐封工具+压力起爆器+多簇射孔器+连续油管。射孔和桥塞工具如图3-2所示。

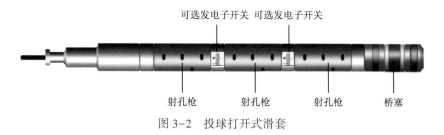

图3-2　投球打开式滑套

三、施工工艺

压裂施工按以下程序操作：

（1）地面管线、阀门试压；

（2）若第一段采用定压滑套，则憋压开启；若未采用定压滑套，则采用油管输送方式射孔；

（3）可以选择进行测试压裂，完善主压裂施工设计；

（4）第一段主压裂施工；

（5）施工结束后，测停泵压力；

（6）组装桥塞及射孔工具串，入井；

（7）若采用连续油管作业，下放至设计位置后，坐放桥塞，射孔，起出连续油管；若采用电缆作业，则泵送至设计位置后，坐放桥塞，射孔，起出电缆；

（8）根据桥塞类型要求选择是否投球，再进行主压裂施工；

（9）施工结束后，测停泵压力；

（10）重复施工程序（6）~（9），直至压裂完目的井段；

（11）根据需求钻磨桥塞，开井排液。

四、适用条件和优缺点

PNP多段压裂工艺适用于套管固井完井的水平井，可以实现无限级分段压裂。

该工艺的主要优点有：

（1）多簇射孔有利于诱导多缝起裂，有利于形成复杂裂缝和多裂缝；可实现单段最多25簇射孔；

（2）分段数不受限制；

（3）可实现大液量、大砂量、大排量的连续施工，施工砂堵容易处理；

（4）压裂后可以实现全通径，有利于后期作业；

（5）节省作业时间；

（6）受井眼稳定性影响较小。

该工艺的主要缺点有：

（1）采用套管注入施工，对套管和套管头抗压性能要求较高；

（2）对电缆引爆坐封等配套技术要求较高；

（3）动用连续油管、井口防喷装置等施工设备较多；

（4）需频繁起下电缆等工具串，分段压裂施工周期相对较长。

第二节 套管滑套多段压裂技术

套管滑套多段压裂技术是在固井技术基础上结合开关式固井滑套而形成的分段改造完井技术。该技术利用可开关式固井滑套选择性地放置在储层位置；固井后，通过投球或者下开关工具将滑套打开实现多段改造。

一、工艺原理

套管固井滑套分段压裂工艺是指根据气藏产层情况，将滑套与套管连接并一趟下入井内，实施常规固井，再通过下入开关工具、投入憋压球或飞镖，逐级将各段滑套打开，进行分段压裂。压裂完成后进行冲砂返排。按照施工工艺和工具结构的不同，套管固井滑套可以分为四种类型。

1. 投球打开式滑套

投球打开式滑套如图 3-3 所示，固井后进行分段压裂，依次投入尺寸由小到大的滑套球，当球到达滑套位置时和滑套内的球座形成密封，憋压，压力达到一个阈值时剪断销钉，球座下行并打开泄流孔，为压裂提供流通通道，压裂液由此通道进入地层压开裂缝完成压裂。

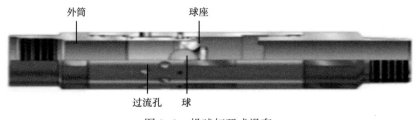

图 3-3 投球打开式滑套

2. 压差打开式滑套

压差打开式滑套固井主要包括压裂滑套和井下组合工具，如图 3-4 所示。常规固井

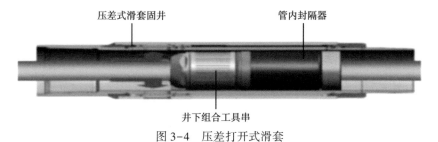

图 3-4 压差打开式滑套

后，用连续油管将井下工具串送入井内，确定滑套所在位置，向连续油管内加液压坐封封隔器；继续向连续油管和套管环空内加压，封隔器密封后，在滑套上下形成压差，移动滑套打开泄流孔，开启滑套并实施压裂改造。压裂结束后停泵泄压，解封封隔器和锚定装置。上提管柱重复以上步骤进行下一段压裂。

3. 机械开关式滑套

机械开关式滑套如图 3-5 所示，与套管连接并下入井内，实施常规固井后，通过油管或连续油管下入开关工具，在油管或连续油管内加压，开关工具与滑套配合，上提管柱，将滑套泄流孔打开，进行压裂改造施工。压裂施工结束后下入开关井工具，首先关闭第一级压裂滑套，并开启第二级压裂滑套，压裂改造直至施工结束。全井压裂施工完成后，再次下入开关井工具打开全部滑套，进行排液和生产。

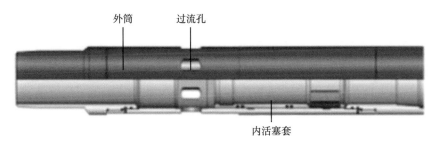

图 3-5　机械开关式滑套

4. 飞镖打开式滑套

飞镖打开式滑套如图 3-6 所示，压裂施工时在井口投入固定尺寸的飞镖，落入滑套 C 形环内，加压打开滑套并进行下一级压裂改造。与此同时，通过导压管将压力传导至下一层滑套的活塞上，活塞挤压 C 形环形成球座，以接收下一级飞镖，从而实现不同段的连续分段压裂。该滑套分段级数不受限制，并且施工后可以利用配套的连续油管开关工具将滑套按需关闭。

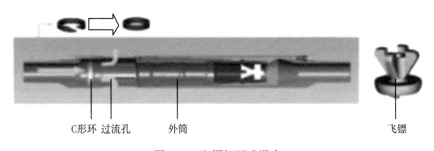

图 3-6　飞镖打开式滑套

二、工具配置

套管滑套固井多段完井管柱主要由套管基管和系列固井压裂滑套组成，固井滑套分段压裂管柱结构如图 3-7 所示。

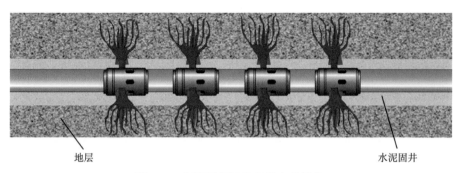

地层　　　　　　　　　　　　　　　　　　　水泥固井

图 3-7　套管滑套固井多段完井管柱

三、施工工艺

根据储层情况，设计各个滑套固井位置，组装压裂完井管柱系统。按照设计的深度将滑套和套管管柱一趟下入井内，刮壁清洗，候凝，完成固井。

压裂施工按以下程序操作：

（1）下入连续油管携带定位器等工具串，定位器在第一级定位，连续油管打压，封隔器锚定坐封；

（2）连续油管与套管环形空间注入液体，当固井滑套上下形成压差时，剪断滑套销钉，滑套打开，露出泄流孔；

（3）进行第一级压裂改造，压裂结束后，停泵泄压，封隔器解封；

（4）上提连续油管，定位器在第二段定位；

（5）进行第二级压裂改造，重复步骤（2）~（4），完成全部压裂改造；

（6）压裂改造结束后，起出连续油管，排液生产。

四、适用条件和优缺点

套管滑套多段压裂技术适用于套管固井完井水平井的定点和精确分段，可以实现无限级分段压裂。针对井径变化较大、不规则的裸眼井，采用此工艺可以有效地解决增产改造作业中封隔器失封、窜层的问题。

该工艺主要优点有：

（1）随套管一趟下入，无需射孔，节省工序；

（2）无需额外的封隔器封层，不受压裂级数限制；

（3）滑套可以根据需要实现开关，压裂完成后套管内保持通径，方便了以后的修井作业；

（4）压裂作业速度较快，施工快速高效；

（5）节约作业成本。

该工艺主要缺点有：

（1）套管滑套内径变化大，固井配件通用性差；

（2）套管压裂无法使用分级箍，全井段封固对固井密封性能提出了更高的要求；

（3）套管外径大，可能对滑套附近固井质量产生不利影响。

第三节 水力喷射多段压裂技术

水力喷射分段压裂是集射孔、压裂、隔离一体化的增产措施，专用喷射工具产生高速流体穿透套管、岩石，形成孔眼，孔眼底部流体压力增高，超破裂压力起裂，造出人工裂缝。

一、工艺原理

水力喷射原理如图3-8所示，油管内流体加压后经喷嘴喷射而出的高速射流在地层中射流成缝，并通过环空注液使得井底压力控制在裂缝延伸压力以下，而射流出口周围流体流速最高，压力最低，环空泵注的液体在压差下进入射流区，并与喷嘴喷射出的液体一起被吸入地层，同时由于射流的影响，使得缝内压力大于地层延伸压力，驱使裂缝向前延伸。

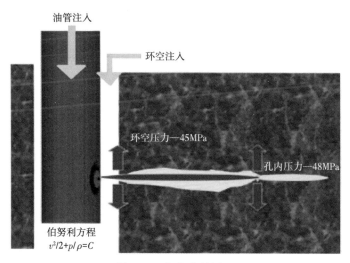

图3-8 水力喷射原理

二、工具配置

水力喷射多段压裂工艺主要形式有两种：拖动管柱水力喷砂分段压裂和不动管柱水力喷砂分段压裂。一般根据储层和井筒条件，选择合适的井下工具。

1. 拖动管柱水力喷射工具配置

常规油管管柱结构：丝堵+筛管+单流阀+封隔器+水力喷砂器+油管（水平段及斜井段宜采用倒角油管）至井口。使用常规油管拖动管柱应考虑高地层压力系数、高气油比等因素引起的井控安全风险。

连续油管管柱结构：导向头+定位器+封隔器+单流阀+水力喷砂器+安全接头+连续油管至井口。

2. 不动管柱水力喷射工具配置

管柱结构：丝堵+筛管+单流阀+1级滑套+水力喷砂器+2级滑套+水力喷砂器+……+

液压安全接头+油管（水平段及斜井段宜采用倒角油管）至井口。

三、施工工艺

1. 拖动管柱水力喷射施工工艺

常规油管拖动管柱水力喷射多段压裂施工工艺程序如下：

（1）双系统地面管线分别试压合格；

（2）封隔器坐封、验封（工序可选），采用低黏度工作液正循环替井筒，排量和压力稳定后，按施工设计从油管注入混砂液进行喷砂射孔，具体施工排量可根据喷枪孔眼尺寸及数量调整，确保喷砂射速达到180m/s以上；

（3）射孔结束后，降低油管排量，关闭套管旋塞阀，油管连续注入；

（4）确定地层破裂后，宜进行测试压裂，完善主压裂施工设计；

（5）按设计泵注程序进行加砂压裂；

（6）施工结束时，依次停油管和环空注入系统；

（7）关井；

（8）放喷，反循环洗井，上提管柱到下一个喷射位置；

（9）重复施工程序（2）~（8）进行喷砂射孔、压裂施工作业，直至完成所有目的井段的射孔压裂施工，起出压裂管柱。

2. 不动管柱水力喷射施工工艺

不动管柱水力喷射多段压裂施工工艺程序如下：

（1）双系统地面管线分别试压合格；

（2）坐封封隔器，关闭套管阀门，加压验封合格；

（3）开启套管阀门，正替井筒；

（4）按照施工设计进行喷砂射孔，具体施工排量可根据喷枪孔眼尺寸及数量调整，确保喷砂射速达到180m/s以上即可；

（5）确定地层破裂后，宜进行测试压裂，完善主压裂施工设计；

（6）按设计泵注程序进行加砂压裂；

（7）施工结束时，依次停环空和连续油管系统；

（8）施工结束后，测停泵压力，解封封隔器，上提过程中根据管柱负荷情况确定是否洗井，确保管柱顺利上提至下一压裂层段；

（9）重复施工程序（2）~（8），直至压完目的井段，然后起出压裂管柱。

四、适用条件和优缺点

水力喷射多段压裂工艺不受完井方式的限制，可以实现无限级多段压裂。各段通过调整水力喷嘴的数量，能够实现多簇水力喷射压裂。

该工艺的主要优点有：

（1）射孔—压裂联作，简化了射孔后下压裂管柱的工序；

（2）降低地层破裂压力，有助于裂缝的形成和延伸；

（3）逐层进行喷孔压裂，无需对已压开的井段进行封堵；

（4）无需井下封隔器，降低井下作业风险；

（5）不受完井方式的限制，适用于裸眼井、套管井、筛管井增产措施。

该工艺的主要缺点有：

（1）施工摩阻高；

（2）连续油管内压裂排量受限；套管损伤较大；

（3）套管抗内压要求较高。

第四节　工厂化压裂作业技术

为了提高开发效率，降低开发成本，减少对环境的影响，同时注重资源重复利用，"井工厂"理念最早由加拿大能源公司（EnCana）提出，并应用于霍恩河（Horn River）页岩气藏。工厂化作业技术通过在一个井场钻多口井进行重复、批量化作业，实现钻井开发井网覆盖区域、设备利用的最大化。

一、工厂化压裂与支持系统

1. 工厂化压裂

工厂化压裂技术是基于页岩气压裂开发特点形成的一项具有针对性、集成的技术方式，是基于工厂流水线作业和管理程序模式。工厂化压裂作业示意图如图3-9所示，工厂化压裂就是像普通工厂一样，在一个固定场所，兼顾多井压裂材料、工具和装备的共享，实现统筹作业、提高效率和降低成本。

图 3-9　北美地区工厂化压裂作业图

工厂化压裂的技术优势有：利用最小的丛式井井场使开发井网覆盖储层区域最大化，减少了井场的占地面积；可以缩短区块的整体建设周期，降低单位开采成本；可以大幅提高压裂设备的利用率，减少设备动迁和安装，减少压裂罐拉运、清洗，降低工人劳动强度；多口井进行同步、"拉链"式压裂，改变井组间储层应力场的分布，有利于形成网状裂缝，提高产能和最终采收率；方便回收和集中处理压裂后的返排液，减少污水排放，实现重复利用水资源。

2. 工厂化压裂支持系统

工厂化压裂作业需要强有力的地面支持系统，主要包括六个方面：（1）连续泵注系统，把压裂液和支撑剂连续泵入地层；（2）连续供砂系统，把支撑剂连续送到混砂车"蛟龙"中；（3）连续配液系统，用现场的水连续生产压裂液；（4）连续供水系统，把合格的压裂用水连续送到现场；（5）工具下入系统，射孔、下桥塞实现分层；（6）后勤保障系统，各种油料供应、设备维护、人员食宿、工业及生活垃圾回收等。

1）连续泵注系统

该系统包括压裂车、混砂车、仪表车、高压管汇、低压管汇、各种高（低）压控制阀门、低压软管、压裂井口等设备。

2）连续供砂系统

主要由大型输砂器、储砂车、运砂车、大型储砂设备和除尘器组成。各供砂系统可以实现大规模连续输砂，自动化程度高。大型储砂车如图 3-10 所示，储砂车一般长 20～22m，分 4 个车厢，高度 4.1m，宽度 2.4～3.4m，每个车厢容量不同，可满足不同类型支撑剂存放与输送，最大输砂速度可以达到 5.1m³/min。

图 3-10　大型储砂车

3）连续配液系统

该系统主要是连续混配装置和液体添加剂、稠化剂、添加剂运输车、酸运输车等辅助设备构成。连续混配装置如图 3-11 所示，该设备将稠化剂或减阻剂和其他各种添加剂稀

图 3-11　北美车载连续混配装置

释并溶解成压裂液，实现在线连续配液，适用于大型体积压裂。

4）连续供水系统

该系统主要由水源、供水泵、储液池和储液罐、污水处理设备等主要设备，以及输水管线和水分配器等辅助设备构成。井工厂通常用储液池供水，北美地区作业用的储液池的蓄水能力一般 6000~7000m³，压裂后放喷的返排液直接排入储液池，经过污水处理后重复利用。

5）工具下入系统

该系统主要由吊车、泵车、电缆车、井口密封系统、井下工具串和水罐组成。该系统的工作流程是：将井下工具串连接并下入井口密封系统中，将防喷管和井口连接好，打开井口阀门，工具串依靠重力进入直井段，启动泵车用液体将工具串送入井底预定位置。

6）后勤保障系统

该系统主要包括各种油料供应、设备维护、发电照明系统、地面通信、人员食宿、工业及生活垃圾回收等。

二、交错/同步压裂技术

根据井场条件和压裂工程师的设计理念，如图 3-12 所示，井工厂压裂方式有同步压裂、顺序压裂和交错（"拉链"式）压裂技术，目前通常采用交错压裂技术。

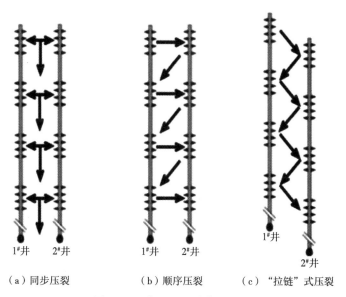

（a）同步压裂　　　（b）顺序压裂　　　（c）"拉链"式压裂

图 3-12　井工厂压裂作业方式

1. 交错压裂技术

交错式压裂技术是将两口或多口平行、距离较近的水平井井口连接，共同使用一套压裂车组进行交替压裂作业。这种压裂方式不仅可以提高人员工作效率，还可以提高设备和压裂车组的使用效率，同时还可以通过应力干扰促使地层形成更复杂的人工裂缝网络，生产效果比单井压裂效果更好。

交错压裂有以下技术特点：

（1）压裂时形成叠加应力场，形成应力干扰，有利形成复杂缝。交错压裂的应力叠加是相互作用，图3-13是交错压裂应力干扰模拟结果，压裂时，后期压裂的裂缝在扩展延伸过程中受前期压裂裂缝应力场的影响，在已经改变的应力环境下进行裂缝扩展，裂缝形态可能更加复杂。

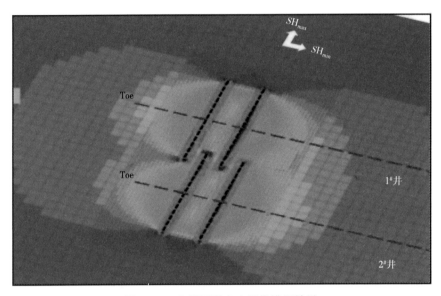

图3-13　交错压裂应力干扰模拟结果

（2）不间断的压裂施工，提高压裂作业效率。交错压裂施工时，两口或多口水平井公用一套压裂车组、供液系统和连续混配系统，进行交替作业。当一口井的一段压裂结束后，转入另一口井的压裂施工，同时开展其他水平井压裂准备工作，如此循环直到所有井完成压裂施工。

（3）节省压裂施工场地面积。交错压裂由于采用一套施工设备进行压裂作业，对压裂场地的要求较小，几乎与单井压裂作业的场地要求相同。但是，由于两口或多口水平井持续压裂施工，对压裂设备和施工人员有较高的要求。

2. 同步压裂技术

同步压裂是相邻两口或两口以上的配对井在深度大致相同的水平井同时进行压裂的作业方式。同步压裂采用使压裂液和支撑剂在高压下从一口井向另一口井运移距离最短的方法，来增加水力压裂裂缝网络复杂性，利用井间连通的优势来增加改造区域裂缝的强度，最大限度地连通天然裂缝。同步压裂对页岩气短期内增产效果明显，完井速度快。

1）同步压裂技术的特点

同步压裂有以下技术特点：

（1）裂缝干扰，促使水力裂缝扩展过程中相互作用，产生更复杂的缝网，增加改造体积。图3-14是同步压裂微地震裂缝监测结果，实施期间得到的一套完整的微地震数据，有两种可见的微地震活动模式，大多数压裂阶段形成的裂缝网络都比较复杂。

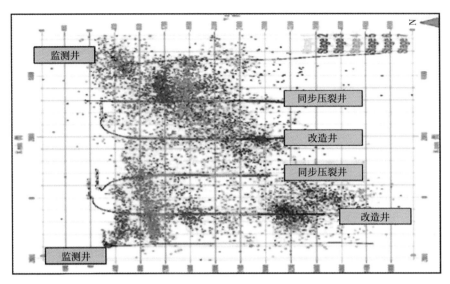

图 3-14 同步压裂微地震监测结果

（2）多套压裂设备同步作业。同步压裂是两口或两口以上的水平井同时进行压裂，每口井都要求有对应的压裂设备、管线等，因此，同步压裂施工需要做到统一的配置和指挥。

（3）快速配液作业和配套运输系统。由于同步压裂作业的特点，压裂液和支撑剂用量为单井用量的两倍以上，因此，现场对连续配液及所需的运输、监测等配套系统的技术要求很高。

2）同步压裂技术实例

该实例为巴内特页岩气田同步压裂的3口水平井，图 3-15 为井位分布图。A 井的水平井段长度是 670.56m（2200ft），位于一个独立的钻井平台，B 井和 C 井位于另一个钻井平台，水平井段长度分别为 579.12m 和 609.60m（1900ft 和 2000ft）。A 井与 C 井的根部相距 274.32m（900ft），趾部的最小井距大约是 152.40m（500ft）。第4口独立水平井 D 井，水平井段长度是 731.52m（2400ft），位于北部，距其他三口井约 0.8km。

A 井、B 井和 C 井的水力压裂包括了连续和同步压裂。A 井的水力压裂用时一周，分为 5 级压裂。随后的一周在 B 井和 C 井上实施了同步压裂。

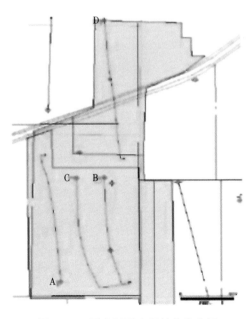

图 3-15 同步压裂实例的井位布局

图 3-16 给出了这 4 口井第一个月的生产动态。3 口同步/连续压裂井的初期产量为（1600～1800）×10³ft³/d，北部独立水平井 D 井的初期产量为 1700×10³ft³/d。图 3-16 中显示 3 口连续压裂/同步压裂井 5 个月的平均产量几乎是 D 井的两倍。在 3 口连续/同步压裂井中，B 井的产量最高，可能是因为东部的泄流区域较大。在 B 井和 C 井上实施了同步压裂，提高了 A 井裂缝网的质量，从而提高了 A 井的天然气产量。C 井的产量最低，可能是由于受到干扰影响。

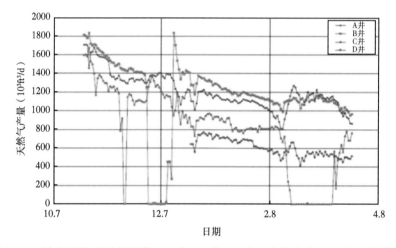

图 3-16　同步压裂/连续压裂井（A 井、B 井、C 井）与独立井（D 井）的开采史

第四章 压裂材料

在水力压裂中，高压泵车向井内挤入的液体统称为压裂液。为防止裂缝闭合而填入裂缝的石英砂（或陶粒）统称为支撑剂。压裂液的种类很多，最常用的是水基压裂液，指在水中加入增稠剂（天然、人工改性或人工合成的聚合物）、破胶剂、杀菌剂、防膨剂等配制成的压裂液。理想的压裂液应具备摩擦阻力系数小、悬砂能力强、破胶完全、对储层伤害小及满足环保要求等性能。压裂用的另一种材料为支撑剂，最常见的支撑剂为天然石英砂，价格便宜，取材方便，故得以广泛使用。另一种支撑剂是由铝矾土烧制的圆球状颗粒，称为陶粒。理想的支撑剂应具有不易破碎、易被输送至裂缝深处、在闭合压力下可确保流体通畅流动、价格便宜等特点。压裂液和支撑剂作为水力压裂的关键材料，与页岩气压裂技术的发展相辅相成，一直在不断发展和进步。

第一节 压裂液

一、页岩气井压裂液发展历程

压裂液的作用是在压裂施工中传递液体压力，促使储层产生人工水力裂缝，并使之向地层深处延伸拓展。沿这一人工压开的水力裂缝输送并铺置支撑剂，使之成为具有一定导流能力的支撑裂缝，以使储层流体易通过支撑裂缝流入井眼，获得增产效果。

1948 年，水力压裂开始用于油井增产，主要使用油基压裂液，包括原油、汽油或者柴油、凝固汽油、皂化凝胶油体系等。20 世纪 50 年代末期，发现瓜尔胶可作为水基压裂液的稠化剂，产生了现代压裂液化学；1962—1964 年，水基压裂液的应用超过油基压裂液，由于其实用性、高效性和现场易操作性成为主力产品。当时主要是线性胶，面对高温和热剪切稀释，早期主要通过提高稠化剂浓度（10%）解决，但是摩阻高，对储层和裂缝有较大的损害。70 年代，研究人员开发了交联剂，提高压裂液黏度而降低瓜尔胶浓度，改善温度的限制。80 年代以后，研究人员开发了延迟交联技术，降低摩阻，降低聚合物浓度以改善对支撑剂导流能力的损害，此后泡沫压裂液、乳化压裂液也开始大范围应用。90 年代为了降低聚合物残渣，控制压裂液黏度的降解，开发了延迟释放破胶剂和聚合物特性酶，并开发了新的稠化剂，如黏弹表面活性剂。2000 年以后，开发了低稠化剂浓度水基压裂液和清洁压裂液体系。

北美页岩气压裂液体系主要经历了复合压裂液、泡沫压裂液、滑溜水压裂液三个阶段。复合压裂液主要由高黏度冻胶和低黏度滑溜水组成，适用于黏土含量较高、塑性较强的页岩气储层。高黏度冻胶保证了一定的携砂能力和压裂裂缝宽度，低黏度滑溜水在冻胶液中发生黏滞指进现象的同时具有较好的造缝能力，最终使得交替注入的不同粒径支撑剂具有较低的沉降速率和较高的裂缝导流能力。泡沫压裂液是以水基冻胶、线性胶、酸液、醇或油为分散介质。二氧化碳、氮气和空气为分散相，再添加各种添加剂配制而成的压裂液。泡沫压裂液的优点是低含水量，压裂后易于返排，对储层伤害小。但是由于气体的可压缩性使得能量传递效率不高，其温度稳定性也较差，使用范围受到限制。

经过多年的发展，化学添加剂和配方的进步，使压裂液性能更加优良，能满足各种条件对液体性能的需求。根据分散介质的不同，压裂液可以分为水基压裂液、油基压裂液、醇基压裂液、酸基压裂液。根据性能特点，压裂液可分为线性胶压裂液、冻胶压裂液、泡沫压裂液、乳化压裂液、清洁压裂液。各类压裂液的优缺点及使用现状见表4-1。

表4-1 各类压裂液的优缺点及使用现状

压裂液类型	优点	缺点	适用范围	使用比例（%）
水基压裂液	廉价、安全、可操作性强、综合性能好	黏度高，残渣量大、伤害高	除强水敏性储层外均可用	60~65
油基压裂液	配伍性好、密度低、易返排、伤害小	成本高，安全性差，耐温较低	强水敏、低压储层	≤5.0
乳化压裂液	残渣少、滤失低、伤害较小	摩阻较高，油水比较难控制	水敏、低压储层、低中温井	≤5.0
泡沫压裂液	密度低、易返排、伤害小、携砂性好	施工压力高，需特殊设备	低压、水敏地层	25~30
液态 CO_2 压裂液	不会引入任何流体，对地层无伤害，有利于压后投产	施工设备特殊，成本远高于其他体系，施工规模较小	干气气藏，低压油藏	—

其中水基压裂液的应用范围最广，除少数低压、油润湿性、强水敏性地层外，水基压裂液适用于大多数油气层和不同规模的压裂改造。水基压裂液又可以细分为活性水压裂液、线性胶压裂液和水基冻胶压裂液。活性水压裂液简称滑溜水，它的特点是配制简单、成本低廉、黏度低、摩阻小、携砂性能差。稠化水压裂液是增稠了的活性水压裂液，与活性水压裂液相比，黏度高、携砂性能稍强、降滤失性能略好，高速流动时有一定的减阻效果。水基冻胶压裂液是交联了的稠化水压裂液，是用交联剂将溶于水的稠化剂高分子进行不完全交联，使具有线性结构的高分子水溶液变成线型和网状体型结构混存的高分子水冻胶。水基冻胶压裂液的黏度高、造缝性能好、携砂性能强、黏度可调和、可控性好、滤失系数低、液体效率高，高速流动时摩阻低于清水。

在压裂液的选择上，需要依据滤失控制要求和裂缝导流能力需求进行评价优选。非交联或者滑溜水压裂液一般在以下情况时会优先考虑：脆性岩石、黏土含量低和基本与岩石无反应情形。如费耶特维尔（Fayetteville）页岩现场压裂中主体采用滑溜水压裂液体系，而交联压裂液一般在以下情形中使用：塑性页岩、高渗透率地层和需要控制流体滤失的情形。压裂选择可以参考图4-1。

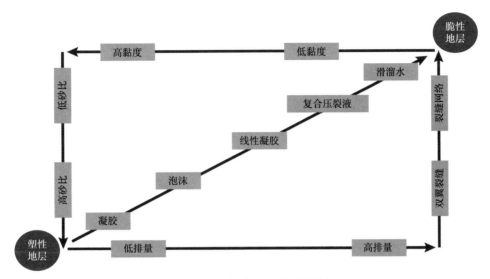

图 4-1 页岩气井压裂液选择图版

二、页岩气井压裂液体系

由于水基压裂液较优的经济性能和环保性能，它已成为页岩气井的主流选择（Li et al.，2018；Barati and Liang，2014）。对于裂缝性储层而言，由于其能够容纳大量的水，滑溜水压裂液体系是一种理想的选择（Barati and Liang，2014）。滑溜水压裂液黏度低，可以在对裂缝高度不造成显著影响的情况下开启长裂缝和微裂缝（Nath and Xiao，2017）；但由于它的黏度低，携砂能力有限（Yekeen et al.，2018b）。因此，研究人员也研发了多种新型压裂液体系，如二氧化碳压裂液体系和液化石油气压裂液体系及其他具有针对性的（如抗盐压裂液和泡沫压裂液）压裂液体系。

1. 滑溜水压裂液体系

滑溜水是页岩储层压裂最常用的压裂液，滑溜水具有摩阻低（与清水相比降阻率不小于60%）、黏度低、伤害低和易连续混配等特点，滑溜水体系构成如图 4-2 所示，其主要由99%清水及少量添加剂组成，添加剂主要包括降阻剂、助排剂、黏土稳定剂等，其中降阻剂是核心添加剂。降阻剂的优劣性决定了滑溜水性能的好坏，通常配制滑溜水使用最多的是水基降阻剂，根据分子结构和来源可将降阻剂分为天然聚合物降阻剂、表面活性剂降阻剂和聚丙烯酰胺降阻剂。天然聚合物降阻剂最具代表性的是天然大分子黄原胶和聚多糖瓜胶，这类降阻剂在聚丙烯酰胺类降阻剂应用前，被广泛应用于滑溜水的配制，是最早使用的滑溜水降阻剂。聚丙烯酰胺类降阻剂是目前应用最为广泛的降阻剂，由丙烯酰胺和其他单体共聚得到，具有减阻性能好、水溶性强、性能可控等优点，目前产品主要有液状和固体颗粒两种，液状降阻剂基液黏度较高，使用比例泵配制和添加黏度较高的液状降阻剂，精确计量较为困难，但溶解速度较快。固体颗粒降阻剂现场配制与常规压裂液配制一样，存在溶解速度慢的问题，需要预先配制溶胀成浓缩液后才可实现连续混配。

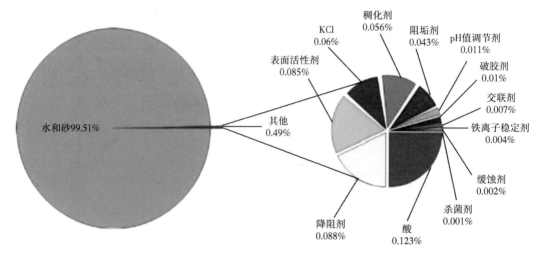

图 4-2　滑溜水体系成分构成图

1) 滑溜水压裂液优缺点和适用性

滑溜水压裂液具有以下优点：

（1）有利形成复杂裂缝网。

（2）对地层伤害小，返排速度快。

（3）易使地层天然裂缝延伸进而形成裂缝网；

（4）施工成本低廉。

相同规模的页岩气开发作业中，采用滑溜水压裂较常规冻胶压裂可节省费用 50% 左右。

滑溜水压裂施工中，因泵入的支撑剂量和支撑剂浓度均较低，导致滑溜水压裂技术存在以下缺点：

（1）由于滑溜水是用活性水加入减阻剂等添加剂作为压裂液，其携砂能力差，因此压裂施工时不能用高砂浓度携砂，否则会造成支撑剂沉降，过早砂堵；

（2）由于滑溜水施工过程不能形成滤饼，造成液体滤失量大，易砂堵；

（3）液体效率较低，需提高排量来补偿液体的滤失。

滑溜水压裂技术对于发育天然裂缝的地层具有更强的适用性，这主要是由于滑溜水压裂携砂能力差、砂浓度低导致的。天然裂缝系统对于压力及就地应力的响应程度也会影响滑溜水压裂技术的施工效果。所以，滑溜水压裂一般适用于低渗透率地层、高强度岩石地层、低闭合应力地层、天然裂缝发育的地层。

2) 滑溜水压裂液研究进展

近年来，在低油价的大背景下，滑溜水压裂技术以其低成本日益受到青睐。20 世纪 70 年代中期，国外开始进行滑溜水压裂室内研究和现场试验。滑溜水压裂从 1997 年至今一直是巴内特页岩开发中最重要的增产措施，米歇尔能源公司在巴内特页岩中首先开始使用滑溜水压裂，滑溜水压裂技术使巴内特页岩采收率提高 20% 以上的同时，使作业费用减少了 65%。北美地区页岩储层压力系数、地层脆性指数高，天然裂缝发育，滑溜水返排率达到 30% 左右，从而实现稳定生产。

目前滑溜水压裂液技术的研究重点主要是支撑剂输送能力的改善、添加剂之间的相互作用、对地层伤害程度的降低及抗盐减阻剂的研究；在滑溜水压裂施工中，要提前测定滑溜水的支撑剂传输性能及各种添加剂之间的兼容性，并且要考虑减阻剂带来的潜在地层伤害及盐分对减阻剂性能的影响；滑溜水压裂液产生较低的储层及裂缝伤害，成本较低，能够产生复杂度更高、体积更大的裂缝网络，并且易于循环再利用；但滑溜水压裂液对支撑剂的输送能力较差、对水的需求量极大。

滑溜水流体本身是一种较差的支撑剂载体，需要通过提高其泵入速率来减少支撑剂的沉淀。此外，也有通过在滑溜水压裂液中加入少量交联剂和线性凝胶来缓解支撑剂的沉降和铺置问题的例子，高黏度流体尽管能达到这一目标但会显著降低裂缝的复杂度。

为了弥补滑溜水体系上述缺点，Bell 等在 2010 年首先提出一种新型的滑溜水体系概念，该体系兼具滑溜水体系和常规凝胶液体系的优点，可以在凝胶破坏前最大限度地运输经过地面设备和较长水平井段的支撑剂，以创造一个足够复杂的裂缝网络。2011 年，Brannon 等在 Bell 等的研究基础上研制出了一种新的交联聚合体系，通过在地层中可控的黏度降解，该液体转变为具有较低黏度的滑溜水以提供所需复杂度的裂缝网；即这种液体可以先产生距井眼一定距离的平面裂缝，然后再自发转变为低黏度液体制造复杂裂缝。因而，该体系兼具滑溜水和交联凝胶体系的优点，又克服了两者的缺点；此外，他们还通过裂缝模型证明了该体系在液体性能及裂缝网络延伸控制方面的实用性。在 2011 年上半年，该体系在美国的得克萨斯州、阿肯色州和路易斯安那州的页岩气开采中应用 600 余次，与常规滑溜水及凝胶液体系相比，该体系获得了更好的生产效果。

减阻剂常用在滑溜水压裂作业中，来减少在较高的泵速下因管线和水或盐水溶液之间的摩擦而产生的巨大的能量损失。目前几乎所有减阻剂均使用高分子量的聚丙烯酰胺乳液，尽管滑溜水中的减阻剂浓度非常低，但由于一般的滑溜水压裂所需的滑溜水用量较大，就会有大量的聚合物注入地层，且大多数聚丙烯酰胺聚合物较难降解，因而近年来减阻剂对地层及裂缝造成的潜在伤害逐渐受到关注。因此，需要找到一种合适的破胶剂来有效地降低聚丙烯酰胺聚合物分子链的尺寸（或分子质量），进而减少对裂缝及地层的伤害。

2007 年 P. S. Carman 等对滑溜水压裂中聚丙烯酰胺减阻剂的破胶剂进行成功优选。他们对几种传统的氧化型破胶剂进行了筛选，利用截留分子量（MWCO）过滤技术来测量聚合物分子量的降解程度，从而确定聚合物碎片的比例和大小。此外，他们还通过实验确定在减阻剂中加入破胶剂并没有对聚合物的水化性能及减阻效果产生不利影响。结果表明，传统的氧化型破胶剂在温度为 180℉时对聚丙烯酰胺都有一定程度的降解；在相同温度下，过硫酸钾氧化剂比有机过氧化物和无机过氧化物具有更好的效果；此外，随着破胶剂浓度的增加，减阻剂完全降解所需的时间缩短了。

前面提到，尽管聚合物减阻剂一般是在低浓度下泵入地层，但用量较大，所以这些聚合物也会对地层产生伤害。在对聚丙烯酰胺破胶剂进行优选的同时，也开始对无害化的减阻剂进行研究。现有的减阻剂，包括共聚物在内，均为以 C—C 为主链的聚合物，其主链很难被打破因而难以降解。2010 年，H. Sun 和 R. F. Stevens 等认为即便使用氧化型破胶剂，这些聚合物还是会对地层造成一定伤害。H. Sun 和 Benjamin Wood 等提出有两种方法可以解决高分子减阻剂造成的对地层及裂缝伤害问题：一是研发更有效的减阻剂，它应含有更高效的聚合物，或者具有更好的水化分散性以缩短减阻剂水化前的潜伏期，使得其在泵入过程中较早地发挥作用，因为流体从地面到射孔处大概只需3min；二是研发极易降解的减阻剂，使得其在井底条件下降解，并留下极少残渣。据此，H. Sun等研发了一种新型的易被降解的减阻剂，其主要特点如下：

（1）为液态减阻剂，使运输和现场作业更方便；

（2）水化分散较快，能在泵入过程中更早发挥作用；

（3）与清水、KCl溶液、高浓度盐水及返排水配伍性强，并能够在剪切作用下保持稳定；

（4）泵入过程中与破胶剂及其他处理剂（阻垢剂、杀菌剂、黏土稳定剂、表面活性剂等）兼容；

（5）更加高效，大幅减少了现场聚合物的用量；

（6）由于该减阻剂对氧化型破胶剂更加敏感，使得其降解更加容易，且在一般地层温度下比传统减阻剂降解更迅速、更彻底，因而能最大限度地减小地层伤害。

研究人员通过实验室研究将该减阻剂与页岩岩心的化学配伍性、减阻性能、破胶性能及其对地层的伤害与传统减阻剂进行了对比，证实了该减阻剂的优越性。此外，超过90d的现场生产数据证实，利用该新型减阻剂开采气井的产量比利用传统减阻剂的产量有明显提高。

为了解决滑溜水高砂比携砂难的问题，近年来北美地区开始使用一种高黏滑溜水（HVFR），又称变黏滑溜水，替代了高黏度的瓜尔胶压裂液体系，实现全滑溜水压裂液施工。变黏滑溜水顾名思义，指在压裂过程中随着砂浓度的逐渐升高，滑溜水的黏度也随之增加。低砂浓度利用湍流携砂即可满足要求，高砂浓度则需要湍流和黏性携砂的协同作用，大幅提高滑溜水的携砂能力，降低压裂施工砂堵风险，极大程度地控制砂浓度。关于如何实现变黏这一问题，一是通过加入交联剂，通过稠化剂交联形成网状结构来提高液体黏度；二是直接通过提高降阻剂的浓度来提高基液黏度，该实施技术作为目前变黏滑溜水常用技术，现场实施简单。目前关于变黏滑溜水对页岩储层伤害问题引起大家关注，诸多学者正广泛开展研究。

以加拿大都沃内页岩气某井压裂为例，该井井深7270m，水平段长3700m，分73段压裂，单段6簇，射孔6孔/簇，采用桥塞射孔联作完井方式，支撑剂选用50/140目和40/70目石英砂，压裂液选用变黏滑溜水体系，压裂施工曲线如图4-3所示。从曲线上看，前置采用酸预处理降低破裂压力，施工排量$10.5m^3/min$，施工压力72~78MPa，值得关注的是整个加砂采用连续加砂模式，砂浓度25~550kg/m^3，随着砂浓度的升高，通过提高降阻剂浓度来实现滑溜水黏度的升高，稠化剂浓度1~5L/m^3，实现高砂浓度的安全施工。

2. 二氧化碳压裂液体系

CO_2压裂液包含CO_2泡沫压裂液和CO_2干法压裂液。CO_2泡沫压裂液就是把液态CO_2与常规水基压裂液按照一定的比例混合后形成以气相为内相、液相为外相的稳定泡沫体系从而应用于压裂施工的一种压裂液。CO_2干法压裂液是以液态CO_2代替常规水力压裂液的一种无水压裂液体系。CO_2压裂液的使用可以大幅降低或者消除压裂施工中水与地层的接

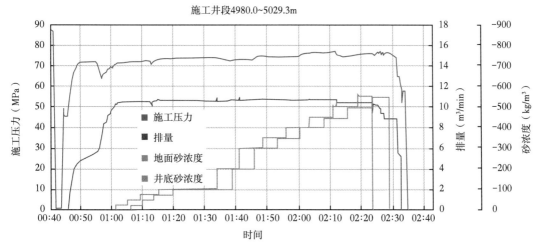

施工井段4980.0~5029.3m

图4-3 变黏滑溜水压裂施工曲线

触机会,从而大幅降低了水锁和水敏造成的地层伤害。对于低渗透率、低压、强水敏性和水锁性油气藏的压裂改造具有较大的技术优势。

1)二氧化碳压裂液优势

由于CO_2泡沫压裂液具有进入地层液量少、界面张力低和破胶彻底等优点,因此与常规的水基压裂液相比具有以下优势:首先,由于CO_2内相的存在,大幅降低了压裂液的入井液量,消除了常规水基压裂液引起的地层伤害;第二个主要优势是,由于在储层温度和压力条件下二氧化碳以气相存在,CO_2提供的大量能量可以迅速清除储层中压裂液的所有剩余液体,有助于液体返排,从而减轻水锁和水敏引起的伤害,在气藏中消除了断裂面附近的相对渗透率(或毛细管压力)损失;第三,二氧化碳泡沫压裂是经济可行的。压裂液返排成本比用传统的压裂液少得多,不用进行抽汲井处理,压裂液也不用回收处理。所以CO_2泡沫压裂特别适用于低渗透、低压及水敏性地层的油气藏改造。

CO_2干法加砂压裂是以CO_2代替常规水基压裂液的一种新型无水压裂技术。其优点主要体现在:

(1)无水相,完全消除水敏伤害、水锁伤害;

(2)压裂液具有极低的界面张力,受热气化后能够从储层中完全且迅速地返出;

(3)压裂液无残渣,对支撑裂缝具有较好的清洁作用,保持了较高的裂缝导流能力和较长的有效裂缝长度;

(4)CO_2在地层原油中具有较高的溶解度,能够降低地层原油黏度,改善原油流动性;

(5)超临界CO_2具有极低的界面张力,理论上对非常规天然气储层中吸附气的解析具有促进作用。

2)二氧化碳泡沫压裂液研究进展

CO_2泡沫压裂液的关键是CO_2的泡沫质量,一般来说,泡沫质量在52%~96%时称泡沫压裂,泡沫质量小于52%时称为增能压裂。CO_2泡沫压裂液的研究在国外始于20世纪

60 年代，联邦德国的费思道尔夫于 1986 年在石炭系士蒂凡组气藏的压裂改造中试验成功；与此同时，在美国犹他州东部犹他盆地的瓦塞兹（Wasatch）地层的压裂改造试验中 CO_2 泡沫压裂比常规压裂取得了更好的增产效果；2005 年，斯伦贝谢公司在一口边际油藏低压致密气井上成功进行了以 VES 为稠化剂的二氧化碳泡沫压裂，标志着二氧化碳泡沫压裂液取得了新突破。目前，国外在压裂液、工艺技术、现场施工质量控制等方面已日趋成熟，压裂液体系虽然仍由盐水、起泡剂、植物胶、稳泡剂和 CO_2 组成，但更强调内相气泡的分布和体积的控制，具有耐温耐剪切性能更好、气泡半衰期更长和携砂能力更强等特点，最大携砂浓度可达 $1400kg/m^3$，加砂规模达到 150t 以上，可满足大型加砂压裂施工的需要。

20 世纪 60 年代初期，液态 CO_2 开始在石油与天然气工业上使用。1963 年，Crawford 等开始进行 CO_2 的性质研究。1981 年，学者首次提出纯液态 CO_2 作为压裂液进行压裂施工；1981 年 7 月，该项技术首次应用于加拿大海绿石（Glauconite）砂岩油藏。1985 年，学者开始研究 CO_2 干法压裂液的数值模拟技术。1986 年，Garbis 对 CO_2 物性特征进行了详细描述。1987 年 5 月 1 日之前，加拿大共进行 CO_2 干法压裂 450 井次，应用于超过 30 种类型的地层，其中 95% 为气井，其余为油井，标志着 CO_2 干法压裂技术已经得到成熟应用。截至 2010 年，以美国和加拿大为首的北美地区已经完成了 1100 余井次 CO_2 干法加砂压裂的现场应用，在页岩储层取得了非常显著的增产效果。液态 CO_2 作为压裂液有其不可避免的缺点，CO_2 黏度较低，液态下黏度约为 $0.1mPa \cdot s$，气态和超临界状态下黏度约为 $0.02mPa \cdot s$，远远低于水。较低的黏度导致压裂液滤失量大，携砂和造缝能力差，限制了压裂施工的规模，需通过提高黏度改善体系性能。因此，提高液态 CO_2 的黏度，增强其携砂能力，扩大施工规模，是该压裂液能否成功应用的关键。提高 CO_2 黏度的方法是添加与 CO_2 相溶的化学剂。液态 CO_2 为非极性分子，是一种非常稳定的溶剂，具有极低的介电常数、黏度和表面张力，常规增稠剂无法与液态 CO_2 混溶提黏。国外的相关研究表明，高相对分子质量的聚合物不具有足够的溶解度来改变 CO_2 的黏度，而通过添加一些特殊的低相对分子质量化合物则可以显著增加二氧化碳的密度，但具体密度对 CO_2 干法压裂液性能的影响还有待进一步的深入研究。

3. 液化石油气压裂液体系

液化石油气（LPG）压裂技术是由加拿大气压裂（GasFrac）公司最先提出的，采用液化石油气作为压裂液，其主要成分就是丙烷（C_3H_8），还有少量乙烷、丙烯、丁烷和化学添加剂，对地层无任何伤害。

1）液化石油气压裂液的原理

LPG 压裂液是以液化丙烷、丁烷或者二者的混合液为基液，油溶性表面活性剂烷基磷酸酯作为稠化剂，Fe^{3+} 或 Al^{3+} 等多价金属盐作为交联剂而形成的一种低碳烃类无水压裂液体系。其交联机理类似于油基压裂液体系，磷酸酯胶凝剂溶解于 LPG 基液中，在一定的酸碱平衡条件下，与配位数为 6 的多价金属离子交联剂通过分子间作用力将 LPG 基液链接包裹，最终形成三维网状结构凝胶。由于烷基磷酸酯的烃链在长度上与 LPG 类低碳烃基液烃链相当，因而能够实现相似相溶。通过调节胶凝剂的质量浓度，来增稠低碳烃基液，获得理想的压裂液黏度，从而获得较好的携砂效果。

2）液化石油气压裂液增产特色

LPG 压裂液具有很低的密度，约为水密度的一半。与水基压裂液相比，LPG 压裂液静压力梯度为 5.1kPa/m，使得返排时的压降可多下降至水的静压头一半，这样可极大地帮助 LPG 压裂液压裂施工后迅速彻底洗井与返排。40℃下水的黏度为 0.657mPa·s，而丙烷的黏度为 0.087mPa·s，两者存在一个数量级的差异。

LPG 压裂液是一种无伤害的压裂液，遇到泥质体积分数高的储层不会发生水锁、黏土膨胀、聚合物残渣堵塞等现象。由于 LPG 压裂基液与储层及储层流体完全配伍，压裂关井后，LPG 压裂基液若与储层中的天然气混融（挥发、汽化），就会形成甲烷、LPG 混合气相返排；若与原油混相，会降低原油的黏度，且减少残余油饱和度，提高原油最终采收率。LPG 压裂液的相对密度、表面张力和破胶后黏度都较低，返排阻力很小，施工结束后可以完全依靠自身的能量在 1~2d 内实现彻底返排。与水基压裂液较低的返排率相比，LPG 压裂液最大返排率可达 90% 以上。交联后形成的 LPG 凝胶压裂液体系，具有与黏弹性流体相似的流变性，可将破胶时间控制在 0.5~4.0h。压裂泵注阶段结束后，LPG 凝胶压裂液由于与储层油气混融及破胶后自身独特的性质，使得只有支撑剂留在动态裂缝里，且在裂缝中铺砂效果较好，所形成的裂缝几何尺寸中有效裂缝长度更长、初期产量更高。

液化石油气压裂相对于清水压裂的突破在于使用液态低碳烃类（丙烷和丁烷等）作为压裂介质而非清水基液。丙烷这种源自石油和天然气储层的液态物质，可大幅度减少对页岩储层的伤害，无需耗水或处理废水，压裂后利用自身的膨胀能返排快速而彻底，无需抽吸和连续油管喷射装置，缩小了返排周期，在增加了油气产量的同时，也节省了洗井清理成本。由于回收液是烃类物质，在条件许可的情况下，可以在地面重新压缩回收 LPG，实现压裂液重复利用，也可以直接送往销售管线成为销售产品，降低作业成本。

4. 抗盐压裂液体系

滑溜水压裂液对于水的需求量是巨大的，但是在美国，许多州对淡水用于储层压裂是有限制条件的。为了满足对淡水的需要及节约成本，人们采用各种水处理技术，利用化学及机械措施将返排水中的固体和杂质去除，以便对其进行重复利用。然而现有技术却难以将返排水中的溶解盐及硬度成分去除。实际上，通过对现场返排水的研究表明，大部分压裂措施不仅增加了水中的总体矿化度，还增加了多元离子含量。

作为滑溜水压裂液中最主要的添加剂，减阻剂减阻效果的好坏对压裂施工而言至关重要。Javad Paktinat 等通过将减阻剂在盐水中的减阻效果与在清水中的减阻效果做比较，评价了含盐量对减阻剂的影响。他们通过环流试验以及对油管摩阻变化的观察，证明具有较高的盐度和硬度的压裂液将对减阻剂的效果产生影响。Javad Paktinat 认为这是由于水中的离子会跟一些聚合物分子发生反应，并会导致聚合物分子的自身反应，这引起聚合物分子在静态条件下的体积减小，从而降低聚合物分子的增黏能力。

图 4-4 是典型阴离子减阻剂溶液受到氯化钙浓度影响的黏度变化曲线。当盐水的硬度达到 50mg/L 时就会导致减阻剂性能降低，且当硬度超过减阻剂所能承受的范围，可能对聚合物产生永久性的破坏。此外，当盐水中含盐成分为 1:1 结构（一价盐）时，盐分产生的离子强度也会对聚合物的发挥造成不利影响。

一般来说，硬水所含离子（如钙离子、镁离子）会导致聚合物构造的不可逆变化，然而 1:1 结构的一价盐（如氯化钠、氯化钾）溶液对减阻剂的影响是可逆的。因此一价氯化盐所造成的影响不是永久的，即用某种办法稀释一价氯化盐的盐水，可以使聚合物重新获

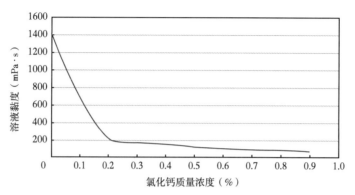

图 4-4　室温下减阻剂溶液的黏度随氯化钙浓度的变化

得它的性能。这说明聚合物的吸引力不是由化学键决定的，而是受到聚合物分子与溶液中离子之间的电磁力影响。

鉴于盐水中离子对减阻剂效果产生的不利影响，人们便开始关注抗盐减阻剂的研发，这种类型减阻剂的研究及发展始于 2009 年。C. W. Aften 首先通过实验证明盐分确实给乳液减阻剂的效果造成伤害，并提出可以提供一种抗盐减阻剂，在含盐量较高的返排水中，其性能不会受到影响或是受影响程度很小。

这类减阻剂具备以下特点：

（1）减阻剂乳液在盐溶液中具有很好的分散性，使其内部分子完全释放到外相中；

（2）聚合物分子在盐溶液中保持较好溶解性及柔韧性。2011 年，Javad Paktinat 等通过筛选耐盐的聚合单体类型并优化单体配比，研制出了新型抗盐聚合物减阻剂。

他们选取了其他三种常规减阻剂与该新型减阻剂作对比，利用摩阻环对减阻剂在不同溶液下的性能进行评价。结果表明四种减阻剂在清水中的性能都相似，但在含有单价及多价离子的高浓度盐水中四种减阻剂的性能就被明显区分开来，该新型减阻剂在盐水中的性能比其他三种要好很多，具有显著的抗盐性。此外，他们还在此基础上优选出了配套的表面活性剂、黏土稳定剂等主要添加剂，并建立了一套新型抗盐滑溜水压裂液体系。

该体系在加拿大霍恩河盆地及美国马塞勒斯盆地的页岩气开采中都表现出了更优越的性能，页岩压裂效果得到很大提高。

抗盐减阻剂一方面可以在满足操作需求的条件下减少用量，从而节省压裂成本并且避免了使用大量减阻剂而导致地层损害的风险；另一方面，抗盐减阻剂使返排水代替清水用作压裂液成为可能，从而保护了淡水资源。

5. 泡沫压裂液体系

泡沫压裂是低渗透率储层（包括页岩和煤层）增产的一种技术，泡沫在低压、低渗透、水敏性地层中能很好地起作用。泡沫能够减少地层的水敏程度，并能提供压开裂缝和输送支撑剂所需的黏度。在北美地区，泡沫压裂液占一定的比例，典型气体比例为 65% ~ 80% 的氮气或二氧化碳。泡沫压裂液的典型代表是哈里伯顿公司的 MistFrac SM 体系，它是一种超高质量分数的氮气泡沫压裂液，与传统的压裂液相比有以下优点：（1）降低水与地层接触程度；（2）减少因黏土、铁矿物、高起泡剂浓度和大量工作液所引起的储层敏感性问题；（3）改善了在水敏性地层条件下置放支撑剂的能力；（4）在低温储层中提高快速、清洁的破胶能力；（5）压裂后清洁能力提高，从而改善了裂缝导流能力。

6. 北美地区页岩气常用压裂液和使用趋势

图4-5是北美地区页岩气典型区块压裂液使用类型和变化趋势图，北美地区页岩气压裂常用压裂液体系主要为交联冻胶、线性胶和滑溜水，不同页岩气区块在压裂液体系使用上略有差异，整体呈现滑溜水使用量越来越高，冻胶和线性胶越来越少的趋势。在马塞勒斯（Marcellus）和尤蒂卡（Utica）两个区块基本不使用冻胶压裂液体系，以滑溜水和线性胶复合为主，滑溜水占总压裂液用量80%以上，实施井中使用滑溜水近100%。在海恩斯维尔（Haynesvile）和Barnett两个区块目前仍以冻胶、滑溜水和线性胶三种体系复合使用，大约有60%的井使用交联剂与滑溜水复合的压裂方式。

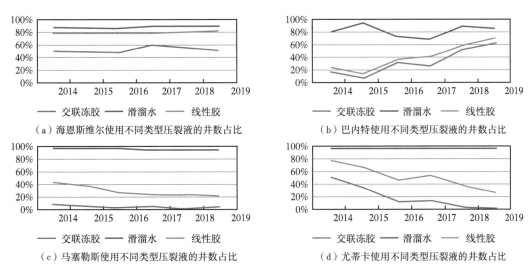

图4-5 北美页岩气典型区块压裂液使用类型和变化趋势

三、压裂液体系优化

1. 简化滑溜水配方

随着北美地区页岩气水平井多段压裂的发展，滑溜水的使用量不断增加。通常滑溜水压裂液中的添加剂主要包括减阻剂、表面活性剂、黏土稳定剂、阻垢剂和杀菌剂，这些添加剂的总含量不足1%，尽管浓度较低（表4-2），但是施工规模的逐年提高对滑溜水配方简化降本增效提出了新的要求。

表4-2 滑溜水压裂液中的主要添加剂

添加剂名称	一般化学成分	一般含量（%）	作用
减阻剂	高分子聚丙烯酰胺	0.01	降低压裂液流动时的摩擦系数，从而降低压裂损耗
表面活性剂	乙氧基化醇	0.02	降低压裂液的表面张力并提高其返排率

续表

添加剂名称	一般化学成分	一般含量（%）	作用
黏土稳定剂	季铵盐	0.05~0.1	帮助地层黏土保持温度，防止井壁坍塌并减少地层伤害
阻垢剂	磷酸盐	0.05	防止管道内结构
杀菌剂	DBNPA、THPS、棉隆	0.007	防止并杀死细菌，阻止其对地层的伤害

另外，最近几年人们发现在滑溜水压裂施工中减阻剂的减阻效果往往会由于其他添加剂的加入而大打折扣，于是减阻剂和其他添加剂之间的相互作用开始受到关注。2009年，C. W. Aften 等通过研究发现非离子表面活性剂会缩短聚丙烯酰胺乳液减阻剂在水中的分散时间，使其在更短时间内完全溶解并达到最大黏度，从而提高了其减阻效果。同年，Shawn M. Rimassa 等通过实验证明阳离子杀菌剂将对阴离子聚丙烯酰胺减阻剂的效果产生不利影响，而非离子杀菌剂却对其效果没有任何影响，因此提出以非离子或阳离子聚丙烯酰胺及多糖类聚合物作为减阻剂来取代阴离子聚丙烯酰胺。2011年，Javad Paktina 提出阳离子黏土稳定剂与阴离子聚合物减阻剂的混合将造成巨大麻烦，在一定的情况下，它们之间会产生交联反应使减阻剂聚合物分子结构变化产生沉淀，这不仅降低了减阻剂效果，还会导致对地层的伤害。此外，他还认为一般的阴离子聚合物减阻剂与阳离子聚合物混合都会产生沉淀，所以在设计压裂液体系前应注意添加剂的问题。2011年，Carl Aften 研究了杀菌剂对聚合物减阻剂、除氧剂、阻垢剂及表面活性剂所带来的影响。实验结果表明，一些杀菌剂如 THPS 和季铵盐类的 ADBAC 也会损害减阻剂的性能，这类化学添加剂会对聚合物的水化机理产生影响，降低增黏效果并导致减阻剂乳液分散能力的减弱。此外，添加剂之间的相互影响结果不仅受添加剂类型的影响，还受滑溜水中的含盐量及温度等外界环境的影响。综上可知，滑溜水压裂液中用到的任何化学添加剂之间的兼容性应该提前测定，以保证压裂改造更加有效并使潜在的地层伤害降到最低。

基于降低成本和提高相容性的原则，石油工程师和化学家们开始根据页岩储层特点来简化滑溜水的配方。研究人员采用 X 射线衍射对马塞勒斯页岩成分进行了分析，以确保压裂液与地层的配伍性（图4-6）。马塞勒斯页岩中典型的矿物成分有石英、方解石、黄铁

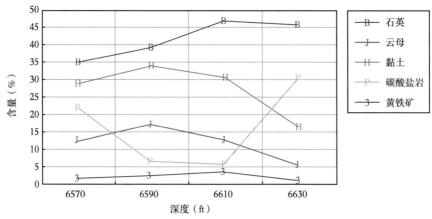

图4-6 马塞勒斯页岩中一口井中的4块样品中不同成分的相对丰度和分布

矿、云母、黏土（伊利石）。由于伊利石的晶体排列有序度高，呈片状结构，水分子一般不进入伊利石晶格，因此对水不敏感。一般认为没有对水敏感的黏土，就不需要在滑溜水中添加氯化钾、氯化钠在内的防膨剂。这样一来就节约了不少药剂成本，减少化学污染及对环境的破坏。某些有机防膨剂如四甲基氯化铵（TMAC）对返排污水的净化处理造成困难。所以避免使用这些添加剂对环境十分有利。

据 IHSM ChemIQ 报告，如图 4-7 所示，从 2014—2016 年压裂化学药剂消耗量变化情况可以看出，在井数逐年递增的情况下，各类化学添加剂使用量呈现降低的趋势，由此看出北美地区非常规压裂液配方呈现用量降低的趋势，压裂液用的添加剂中交联剂、黏土稳定剂、助排剂的减少幅度最大。

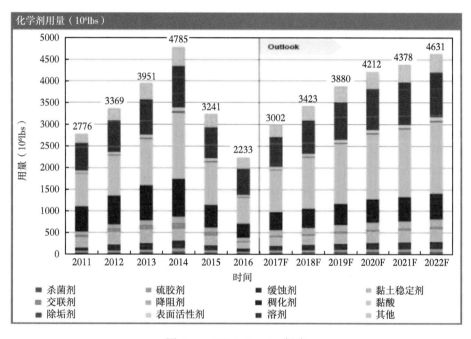

图 4-7　IHSM ChemIQ 报告

以海恩斯维尔页岩气为例，图 4-8 为海恩斯维尔页岩气田 2019 年压裂液添加剂使用统计情况，该气田压裂液使用线性胶和滑溜水复合压裂液体系，整体上黏土稳定剂、消泡剂、助排剂、起泡剂等添加剂使用的井数较少，均不超过 30%。

表 4-3　海恩斯维尔压裂液添加剂使用统计表

添加剂	破胶剂	杀菌剂	黏土稳定剂	缓蚀剂	消泡剂	助排剂	起泡剂	减阻剂	铁离子稳定剂	破乳剂	pH调节剂	阻垢剂
井数	438	445	128	432	1	129	9	494	302	247	256	307
占比（%）	88.7	90.1	25.9	87.4	0.2	26.1	1.8	100	61.1	50	51.8	62.1
Q1	293	2718	43129	227	7	13	27	38762	65	8	1366	1596
中值	1601	8668	66338	350	7	39	59	72215	195	16	6168	9041
Q3	8018	17587	118667	832	7	6046	333	188372	502	29	18744	22467

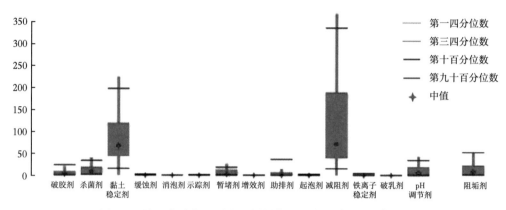

图 4-8 海恩斯维尔压裂液添加剂使用统计 （单位：10^3 lb）

2. 高黏滑溜水替代交联压裂液

北美地区的石油工程师提出了采用人工合成低成本的高黏滑溜水压裂液的思路。高黏滑溜水是人工合成聚合物压裂液中的一种。高黏度减阻剂（high viscosity friction reducers，HVFRs）具有较高的弹性，因此在传统滑溜水的减阻剂和线性胶失效的情况下，非常适合在较低黏度下输送包括 20/40 目石英砂在内的支撑剂。加有耐盐性 HVFR 的滑溜水成功应用于马塞勒斯页岩气田，最大限度地减少了水和胶液注入量，消除了配制复合压裂液对配液设备和平台大小的限制，还提高了砂浓度和泵注排量，降低了地面施工压力。在巴肯的页岩气井中使用高浓度减阻剂用于代替硼交联瓜尔胶压裂液，相比之下，每口井的药剂成本降低了 22%，而产量则提高了 10%。该压裂液减阻剂通过改进，可采用"准一步法"工艺满足合成要求，简化了制备的流程和所需设备；且合成过程中一般不需要进行纯化，大幅降低了生产成本。

另外，对北美地区 26 个页岩气田的分析表明，高黏度滑溜水（5~40mPa·s）具有优异的支撑剂传输能力及良好的耐盐性能，能够耐受高矿化度的返排液。在 7 个主要的页岩气区块的统计数据表明，减阻剂的使用量平均减少了 50%（图 4-9），用水量减少了 30%，

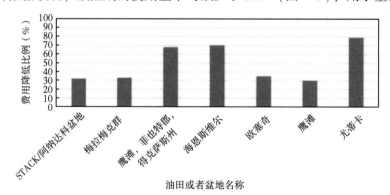

图 4-9 北美 7 个主要的页岩气区块使用高黏度减阻剂后节省成本统计图
（图中 STACK 是一个地区，是 Sooner Trendi 油田、Anadarko 盆地、
Canadian 郡及 Kingfisher 郡四个地方首字母的缩写）

也降低了对配制设备的需求。使用高黏度滑溜水，各个气田的产量有不同程度（30%～70%）的增加（图4-10）。

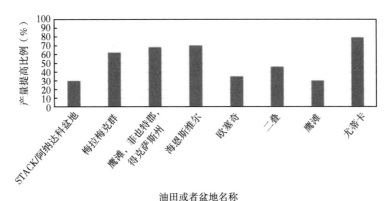

图4-10 北美7个主要的页岩气区块使用高黏度减阻剂后产量增加统计图

（图中STACK是一个地区，是Sooner Trendi油田、Anadarko盆地、

Canadian郡及Kingfisher郡四个地方首字母的缩写）

四、返排液处理和再利用技术

压裂施工完成后的返排液，组分极为复杂，往往含有杀菌剂、黏土稳定剂、水合缓冲剂、表面活性剂等数种添加剂；同时返排液还含有从地层深处携带的岩屑和支撑剂，这些污染物难以用生化降解法和普通化学法进行降解。特别是有些返排液为灰黑色溶液，是硫酸盐还原菌代谢的产物，具有刺激性臭味。如果大量刺激性的并带有各种添加剂的返排液不经过处理而返排到地面上，必定会对周围环境、人、动植物、土壤，尤其是农作物造成危害，以及对地表及地下水资源造成严重污染；废液与添加剂及酸液作用可能会产生有毒气体硫化氢，还可能会产生大量的蒸汽，如果直接接触的话还有可能会造成严重烧伤。近些年来，随着页岩气开采技术的进步，一些新型添加剂也随之出现，这使得压裂液废水的成分也变得更加复杂，废压裂液处理难度也进一步加大。同时，新的污水排放标准及"节能减排"战略对压裂液废水处理的要求也不断提高，废压裂液的处理迎来新的挑战。

目前北美地区对压裂返排液的处理方法有三种：一是预处理后回注地层；二是处理后排入地表水系；三是同废弃钻井泥浆一起固化，然后填埋。接下来介绍目前处理压裂返排液的几种技术方法。

1. 化学混凝法

化学混凝处理的对象，主要是水中的微小悬浮物和胶体物质。化学混凝的机理虽然已经有人做了很多研究，提出了各种各样的理论、机理和模型，但至今仍未完全清楚。混凝的主要机理有压缩双电层机理、电中和机理、吸附架桥作用机理及沉淀物网捕机理。混凝剂的种类较多，主要有无机混凝剂、有机高分子混凝剂和微生物混凝剂三大类。混凝作为预处理步骤在返排液处理过程中应用较多，采用PAC作为混凝剂、PAM作为助凝剂对返排液的色度和悬浮物的处理效果较好。

2. 化学氧化法

化学氧化是指利用强氧化剂氧化分解废水中污染物质以达到净化废水的一种方法。通过化学氧化，可以使废水中的有机物和无机物氧化分解，从而降低废水的 BOD 值和 COD 值，或使废水中有毒物质无害化。用于废水处理最多的氧化剂是臭氧（O_3）、次氯酸（$HClO$）、氯（Cl_2）和空气，这些氧化剂可在不同的情况下用于各种废水的氧化处理。当利用氯、臭氧等化学氧化时，还可以达到去臭、去味、脱色、消毒的目的。次氯酸盐氧化法是利用次氯酸盐强氧化性，氧化时间短，在废水处理中得到广泛应用。

3. 高级氧化技术

高级氧化反应是一种物理—化学处理过程，易于控制；反应产生的 HO· 其氧化能力（2.80V）仅次于氟（2.87V），能将污水中的有机污染物降解为 CO_2、H_2O 和无机盐，不会产生二次污染；HO· 作为反应的中间产物，还可诱发后面的链反应。高级氧化技术既可单独使用，又可与其他处理工艺相结合，应用范围极其广泛。

根据所用氧化剂及催化条件的不同，高级氧化技术大致分为五类：Fenton 及类 Fenton 氧化法、光化学和光催化氧化法、臭氧类氧化法、超声波氧化法、电化学法。目前用于处理压裂废液的高级氧化技术主要有以下几类。

1）Fenton 试剂法

1894 年，法国科学家 H·J·H·Fenton 发现 H_2O_2 在 Fe^{2+} 的催化作用下具有氧化多种有机物的能力，后人为纪念他将亚铁盐和 H_2O_2 的组合称为 Fenton 试剂氧化。Fenton 试剂中 Fe^{2+} 作为同质催化剂，而 H_2O_2 具有强烈的氧化能力，特别适用于处理高浓度、难降解、毒性大的有机废水。

Fenton 试剂是由 H_2O_2 与 Fe^{2+} 组成的混合体系，标准体系中羟基自由基的引发、消耗及反应链终止的反应机理可归纳如下：

$$Fe^{2+}+H_2O_2 \longrightarrow Fe^{3+}+OH^-+HO· \tag{4-1}$$

$$Fe^{2+}+HO· \longrightarrow Fe^{3+}+OH^- \tag{4-2}$$

$$HO_2·+Fe^{3+} \longrightarrow Fe^{2+}+O_2+H^+ \tag{4-3}$$

$$HO·+H_2O_2 \longrightarrow H_2O+HO_2· \tag{4-4}$$

$$Fe^{2+}+HO_2· \longrightarrow Fe^{3+}+HO_2^- \tag{4-5}$$

$$Fe^{3+}+H_2O_2 \longrightarrow Fe^{2+}+HO_2+H^+ \tag{4-6}$$

Fenton 试剂参与反应的主要控制步骤是自由基，尤其是 HO· 的产生及其与有机物相互作用的过程。Fenton 试剂通过催化分解 H_2O_2 产生 HO· 来攻击有机物分子夺氢，将大分子有机物降解为小分子有机物或 CO_2、H_2O 或无机物。

2）纳米 TiO_2 光催化氧化

半导体光催化材料有 TiO_2、ZnO、CdS、WO_3、SnO_2 等，其中尤以纳米 TiO_2 的光催化研究最为活跃。实践证明，对一些毒性大、生物难降解的有机污染物，用 TiO_2 光催化剂催化生成的光生强氧化剂，在常温、常压下就可以彻底氧化为 H_2O、CO_2 等小分子，光催化技术不仅能够处理多种有机污染物，而且具有很好的杀菌及抑制病毒活性的作用。目前，纳米 TiO_2 主要用于中低浓度废水处理、小空间空气净化、材料表面自清洁、重金属回收、固体废物处理等领域，与传统除污工艺相比，光催化处理技术具有能耗低、操作简便、反应条件温和、可减少二次污染等突出优点，在工业废水处理方面拥有良好的应用前景。

光催化反应是光反应和催化反应的融合，是光和物质之间互相作用的多种方式之一。光催化氧化，一般可分为均相和多相（非均相）催化两种类型。均相光催化主要是 UV/Fenton，非均相光催化则常见于 TiO_2 光催化氧化。当用光照射 TiO_2 时，如果光子的能量高于 TiO_2 的禁带宽度（3.2eV），则 TiO_2 的价带电子从价带跃迁到导带，产生光致电子和空穴。电子和空穴在复合之前有足够的存在寿命（纳秒级），电子与空穴分离并迁移到粒子表面的不同位置，从而参与加速氧化还原反应，还原或氧化吸附在表面上的物质。光致空穴具有很强的电子能力，可夺取 TiO_2 颗粒表面的有机物或体系中的电子，使原本不吸收光的物质被活化而氧化，而导带上的光生电子又具有强还原性。活泼的电子、空穴穿过界面，分别还原和氧化吸附在 TiO_2 表面的吸附物。TiO_2 表面一系列反应的结果，最终还会产生具有很强氧化特性的 $HO\cdot$ 自由基和 O_2^-，$HO\cdot$ 及 O_2^- 的氧化能力高于目前常用的氧化剂，如 Cl_2、O_2、O_3、H_2O_2 等，因而可用来氧化水中的多种有机污染物。

TiO_2 光催化氧化机理如式（4-7）至（4-10）所示。

$$TiO_2 + hv \longrightarrow TiO_2 \ (hv_b^+) + e^+ \tag{4-7}$$

$$TiO_2 \ (hv_b^+) + H_2O \longrightarrow TiO_2 + HO\cdot + H \tag{4-8}$$

$$TiO_2 \ (hv_b^+) + OH^- \longrightarrow TiO_2 + HO\cdot \tag{4-9}$$

$$TiO_2 \ (hv_b^+) + RH + OH^- \longrightarrow TiO_2 + R\cdot + H_2O \tag{4-10}$$

3）O_3/H_2O_2 复合催化氧化

O_3/H_2O_2 体系主要是依靠产生 $HO\cdot$ 自由基进行氧化，当水体为酸性时，过氧化氢的分解反应 $H_2O_2 + H_2O \Leftrightarrow HO_2^- + H_3O^+$ 是向逆反应方向进行，不利于 $HO\cdot$ 自由基的产生。而在较高 pH 值条件下，H_2O_2 分解产生的 HO_2^- 是 $HO\cdot$ 的引发剂，更有利于 $HO\cdot$ 自由基的产生，从而提高 COD 去除率。O_3/H_2O_2 复合氧化技术对废水的色度和 COD 的去除率较高。

4. 内电解法

内电解法又称微电解法，它集氧化还原、絮凝吸附、络合及电沉淀等作用于一体。在含有酸性电解质的水溶液中，铁屑与炭粒间形成无数微小的原电池，并在作用空间构成一个电场。由于电化学反应在溶液中形成电场效应，破坏溶液中分散胶体的稳定体系，胶体离子沉淀或吸附在电极上，从而去除溶液中悬浮态或胶体态的污染物。电极反应产物具有高的化学活性，其中新生原子态的 ［H］和新生态的 Fe^{2+} 能与废水中的许多组分发生氧化还原作用，破坏有机高分子的发色或助色基团，失去发色能力，使大分子物质分解为小分子物质，使难降解的物质转变成易降解的物质。

在弱酸性溶液中，铁屑具有较大的比表面积和较高的活性，能吸附水中的有机污染物，净化废水。另外反应过程中产生的新胶粒，其中心胶核是由许多 $Fe\ (OH)_3$ 聚合而成的有巨大表面积的不溶性粒子，这使它易于吸附、共沉、裹挟大量的有机物质，从而达到去除的目的。同时新生态的 Fe^{2+} 和 Fe^{3+} 是良好的絮凝剂，将溶液 pH 值调至碱性时会形成 $Fe(OH)_2$、$Fe(OH)_3$ 的絮凝沉淀，是胶体絮凝剂，它的吸附能力高于一般药剂水解得到的 $Fe(OH)_2$、$Fe(OH)_3$。这样废水中原有的悬浮物质，通过微电池反应产生的不溶物和构成色度的不溶性胶体，均可被其吸附凝聚。

5. 活性炭吸附

许多工业废水中含有难降解有机物（如 ABS 和一些杂环有机物），常规的方法难于处理或不能奏效，这些化合物通常通过吸附在活性固体表面而除去。最普遍使用的吸附剂是活性炭，它对水中多数有机物具有良好的吸附性能，疏水性物质更易被吸附，活性炭在制造过程中，其挥发性有机物被去除，晶格间生成空隙，形成许多不同形状与大小的细孔，其比表面积一般高达 $500 \sim 1700 m^2/g$。这就是活性炭吸附能力强、吸附容量大的主要原因。表面积相同的炭，对同种物质的吸附容量有时却不同，这与活性炭的细孔结构和细孔分布有关。根据半径大小，一般将细孔分为三种：（1）大微孔，半径 $1000 \sim 100000 Å$；（2）过渡孔，半径 $20 \sim 1000 Å$；（3）小微孔，半径小于 $20 Å$。活性炭与其他吸附剂相比，其小微孔特别发达，在吸附过程中，真正决定吸附能力的是微孔结构。此外，活性炭的吸附特性，还受到活性炭表面化学性质的影响。活性炭在炭化与活化过程中，其中氢和氧同碳以化合键结合，使活性炭表面上有各种有机官能团形式的氧化物和碳氢化物（如羧酸、酚性氢基、醚、碳酸无水物、环状过氧化物等）。氧化物使活性炭与吸附质分子发生化学作用，显示出选择吸附性。

6. 生物法

自然界存活着大量借有机物生活的微生物，微生物通过其本身新陈代谢的生理功能，能够氧化分解环境中的有机物并将其转化为稳定的无机物。废水和微生物群体在处理构筑物中充分接触时，一方面微生物通过分解代谢，使废水中呈溶解和胶体状态的有机污染物被降解而无机化，使废水得以净化；另一方面部分有机物则被合成为微生物的细胞质。微生物的细胞质虽然也是有机物质，但微生物是以悬浮状态存于水中的，相对来说其个体比较大，也比较容易凝聚，可以同废水中的其他物质（包括一些被吸附的有机物和某些无机的氧化产物以及菌体的排泄物）通过物理凝聚作用一起沉淀或上浮，从而与废水分离。废水生物处理技术就是利用微生物的这一生理功能，并采取一定的人工技术措施如反应器等，创造有利于微生物生长、繁殖的环境和条件，加速微生物的增殖及其新陈代谢的生理功能，从而使废水中的有机污染物得以降解、去除。

7. 固化法

固化技术的机理是利用一定的化学添加剂（固化剂）使其失稳脱水，固化剂分别与其中的水分发生剧烈的水化反应，与有机物及固相颗粒交联絮凝，形成固相—固化剂—水的水化絮凝体系，通过自凝胶结和包胶作用，转变成不可逆的常态体系。

8. 再利用技术

总体来说，目前北美地区的返排液处理技术达到了较高的水平，但仍有一些需要解决的问题：（1）工艺复杂，设备投资大，需要大量的人力和物力。对于某些压裂返排液需要通过四级甚至五级处理才可以达到美国或加拿大的排放标准，处理周期长，处理量小，实际应用性不强；（2）药剂用量大，处理成本高。由于处理工艺复杂，药剂种类和用量均非常大，增加了处理成本；目前返排液处理成本远高于生活污水处理成本；（3）容易造成二次污染。废水处理过程中产生了大量污泥，其中含有重金属，毒性大，处理不当就会造成二次污染。投加药剂使废水中引入了大量可溶性离子，若外排容易造成土壤盐碱化。

对压裂液返排液的循环再利用，可有效减少页岩气井完井过程中对淡水水源的需求。页岩气井大部分产出水都会作为压裂液循环再利用，由于产出水的矿化度较高，需要使用耐盐减阻剂等针对性的药剂配制压裂液。

产出水处理是一个资本集约度很高的项目，且处理设备及场地需要大量的经费，但哈里伯顿能源服务公司为遵守《Solid Waste Disposal Act（固体废弃物处置法）》（简称SWDA）及得克萨斯州在污水处理方面的其他环境保护条例，依然进行了产出水处理的技术开发。该技术对返排出的压裂废水进行循环蒸发并将其浓缩为干净的蒸馏水，残余的高矿化度水进行清除处理，或者在另一口井完井过程中作为压井液控制其压力，这一循环处理过程中会对约80%的产出水进行回收利用。这一处理过程所用的设备为现场移动式设备，通过现场的天然气产生循环处理的动力。该循环处理过程分为四个阶段：首先，产出水输送并储存在地面钢罐内，在罐内停留几小时后，通过钢罐输送到蒸馏装置中，通过现场天然气加热蒸馏。产出水在蒸馏装置中加热后，仍然含有铁离子稳定剂，以便于减少水中铁的含量。蒸发的水通过管道流入缩合装置，在其中冷却几个小时，冷却后的凝结水流入另一个钢罐中，在此和一些淡水混合，然后流入另一个装置中，与之前所用一些添加剂混合，用于下一口井的压裂增产。蒸馏装置产生的废水送往另一个储罐，通过卡车运往废水处理中心处置或用作其他井的压井液。返排液的循环处理再利用技术流程如图4-11所示。

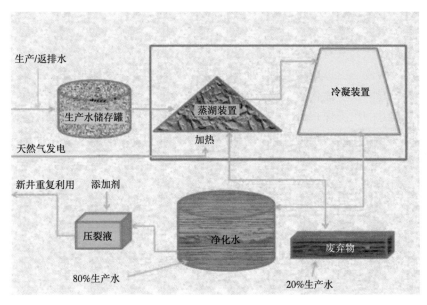

图4-11　采出水主要处理流程图

目前，大量的返排液的处理问题已成为公众日益关注的问题。例如，从特拉华盆地的现有油气井生产大量高总溶解固体含量（TDS）（通常大于250000mg/L）采出水。仅在

2011 年就产生了超过 $1.64×10^8$ bbl 的返排液，仅注入处置井的回注成本估计为 $0.75~1.00$ 美元/bbl（LeBas, et al., 2013）。页岩气开发企业认为，与其花大价钱处理净化返排液，不如用利用返排液配制压裂液进行重复利用。这就需要首先解决（诸如马塞勒斯区块和巴肯区块）返排液中 TDS 含量高的难题。研究人员开发了一种新型耐盐的水溶性减阻剂，以解决高 TDS 返排液再利用这一难题。

对来自巴肯、马塞勒斯、二叠等盆地和其他页岩气的多种返排液在不同温度下进行了减阻性能测试，发现在 TDS 超过 300000mg/L 的返排液中，这种新型耐盐减阻剂会在 10s 内充分溶解，其减阻性能与目前使用的淡水乳液减阻剂性能相当，而且与目前常用的阻垢剂、杀菌剂、黏土稳定剂、表面活性剂和破乳剂配伍性良好。在新墨西哥州进行了现场试验，使用 TDS 为 250000mg/L 和 $CaCO_3$ 矿化度为 50000mg/L 的返排液进行配制，新型耐盐减阻剂与常规减阻剂的对比结果表明，前者在减阻性能方面具有明显优势，能够有效降低地面施工压力，保证较高的泵送排量。新型耐盐减阻剂为高 TDS 和矿化度的返排液的再利用提供了新的经济有效的解决方案和思路。

第二节　支　撑　剂

水力压裂施工的主要目的是在储层造水力裂缝以使其具有较高导流能力的渗流通道，从而使油气井能够在其经济寿命内实现其最大生产效率。压裂施工过程中，流体压力使裂缝保持张开状态，但是一旦泵送停止且由于滤失而使压力下降，裂缝将自行闭合并失去大部分已形成的高导流特性。为了防止这种情况发生，压裂液中携带一种材料，一旦压力下降，该材料将继续支撑裂缝，该种粒状材料称为支撑剂。

支撑剂种类繁多，其材料性能和成本差异很大，但目标始终是相同的，即提供从储层到井筒的导流路径，并具有足够的渗透性以承载储层中的所有油气能够在油气井的整个生命周期内生产。为此，支撑裂缝必须具有较高的导流能力，以便消除井筒中的大部分径向流，并由进入裂缝的线性流代替，这就要求支撑裂缝的渗透率比储层的渗透率高出几个数量级，以使沿裂缝的压降保持最小。选择支撑剂是压裂设计最重要的方面之一，在许多情况下，仅通过选择合适的支撑剂就可以实现裂缝导流能力的显著提高，从而提高生产率。

一、页岩气井支撑剂使用发展历程

1947 年第一次水力压裂是从阿肯色（Arkansas）河床挖出的河砂作为支撑剂。20 世纪 50 年代中期，从 St. Peter 砂岩中获得了强度更高、施工效果更好的石英砂，该岩层在伊利诺斯州渥太华（Ottawa）附近，是一种高品质支撑剂，被称为渥太华压裂砂。后来技术人员意识到筛分更均匀的质量更高的砂有更高的导流能力，最初的渥太华矿山产生的大量石英砂颗粒落在美国标准筛目尺寸 20~40 目之间，因此，20/40 目成为当时标准的石英砂尺寸。后来，从得克萨斯州布雷迪（Brady）附近的希科里（Hickory）砂岩地层中获得了更多的黄砂，更多的天然砂支撑剂供应商进入了市场，从此渥太华砂和布雷迪砂成为可用的标准砂。

在 20 世纪 60 年代，引入了各种人造支撑剂，包括核桃壳、铝丸、玻璃珠、铁砂和塑料珠，这些新材料各有其优缺点，缺点主要为价格高、密度大、缺乏稳定性、易破碎、变形大等，尽管其中一些具有优势，但总体上讲，没有一种具有成本效益，因此所有这些支撑剂类型在 20 世纪 70 年代中期已基本消失。

随着在 20 世纪 70 年代钻井深度更深，天然石英砂在高应力环境中易破碎的缺点变得显而易见。这导致了烧结铝土矿作为高强度支撑剂于 1976 年第一次在美国水力压裂现场得到应用。这种材料的主要成分是刚玉，氧化铝的一种形式，与天然石英砂相比，其主要优点为粒径细、孔隙度高、圆球度好、抗腐蚀性强和抗压能力强，但其价格也较为昂贵。在 20 世纪 70 年代和 80 年代还引入了其他中等强度支撑剂，它们基本是多铝红柱石和金刚砂的混合物，分别可耐压 55MPa 和 69MPa，其最大优点为密度比高强度支撑剂低，所以在压裂液中悬浮和输送性能好。

为了在具体应用中实现其特殊效果，如防砂、减少嵌入和提高抗压能力，在天然石英砂和陶粒上涂覆树脂的技术，形成树脂涂覆类支撑剂，1976 年第一次使用树脂涂覆砂进行水力压裂施工。树脂涂覆类支撑剂分为可固化和预固化两类，可固化支撑剂需要在井底温度下固化。

表 4-4 列出了目前主要的支撑剂种类及其特征。当前，用于支撑裂缝的主要支撑剂包括石英砂、预固化树脂涂层砂、低密度陶粒、中密度陶粒（ISP）和烧结铝土矿，粒径尺寸从 10~140 目（100μm~2mm）不等。

尽管当今市场上支撑剂的类型、大小和价格存在很大差异，随着非常规油气资源的发展，目前天然砂已成为绝大多数的主要支撑剂类型，天然砂约占支撑剂市场的 90% 以上（按重量计）。截至 2015 年，全球有超过 115 家公司供应经过清洗、干燥和筛分的各种品质的压裂砂。北美地区供应的大多数天然砂为北方白砂（渥太华砂）和得克萨斯州黄砂（布雷迪砂），非传统的本地砂也在积极地寻找和使用。

表 4-4 不同支撑剂类型及其主要特征

主要生产公司		主要特征
标准砂	尤尼明（Unimin） 科罗拉多硅砂（Colorado Silica） 支撑剂专业公司（Proppant Specialists） 得克萨斯硅砂（Texas Silica） 美国硅砂（U.S. Silica） 獾版矿业（Badger Mining）	由于其低成本，石英砂迄今为最常见的支撑剂类型。种类较多，较高质量石英砂是几乎纯净的石英颗粒，已被自然磨平至圆球度大于 0.7，并从特定的沉积矿床中开采。劣质石英砂包含长石和方解石等杂质，并且具有较低的圆度和球度，这些石英砂可以在某些河床或海滩中找到。由于石英砂的质量参差不齐，因此成本存在很大差异。原砂砂源具有一定范围的粒径尺寸，必须将其筛分成规定规格使用，可开采的经济性取决于出砂率
预固化树脂涂层砂	覆膜砂公司（Resin-coated sand）	这类支撑剂使用常见的压裂砂作为基材，并用树脂涂覆，其技术来自铸造行业，在该行业中，使用酚醛树脂涂层的砂具有制造铸模的悠久历史。各种酚醛树脂是支撑剂最常见的涂料。由于所用树脂的成膜性，每颗砂粒都涂有几乎均匀的树脂壳。就像有几种等级的砂一样，也有等级的树脂涂层的砂，取决于用作基材的砂的质量； 另外，在树脂涂层的类型之间存在功能上的差异，可以对其进行定
CRS 支撑剂	迈图（Momentive） 桑特罗（Santrol） 阿特拉斯树脂（Atlas resin）	制，以增强砂的强度或提供涂层的"可固化性"，从而使支撑剂充填层中的颗粒与颗粒之间的接触得以结合在井下应力和温度条件下共同作用。典型的涂层占支撑剂总重量的 2%~4%

续表

主要生产公司		主要特征
陶粒 （铝土矿、 ISP 和轻 质陶粒）	卡博（Carbo Ceramic） 圣戈班（Saint Gobain） 辛特克斯（Sintex）	作为制成品，陶粒支撑剂的优点在于：可以改变晶粒的尺寸和强度。相反，烧结可以对尺寸超出要求的晶粒进行重新加工。原材料主要为铝土矿和高岭土的各种矿石中的氧化铝和二氧化硅。最初的陶粒被称为烧结铝土矿，原料是铝土矿，其过程涉及将矿石研磨成非常细的粉末，然后使用球磨机将其磨成球形小颗粒，然后制造出一种主要由陶粒制成的陶粒体。通过在非常高的温度下烧结成刚玉相颗粒。后来使用了二氧化硅含量更高的其他原材料，这些原材料生产出的支撑剂的强度略低，但密度也较低，从而提高了将支撑剂置于裂缝中的能力。这些二氧化硅含量较高，具有较低的密度支撑剂是莫来石晶体和玻璃的混合物

1. 北方白砂

优质的压裂砂并不总是北部，也不总是白砂。但是，顶层压裂砂确实由坚硬、耐用且主要为单晶的砂粒组成，这些砂粒含有超过 99% 的二氧化硅（SiO_2）。与其他天然砂相比，北部白砂压裂砂是一种优质的天然支撑剂，这在很大程度上归因于其颗粒形状和抗压碎性。

最初的渥太华砂的命名主要是因为位于伊利诺斯州渥太华附近的制砂厂所占比例很高，为铸造和玻璃行业提供了来自圣彼得砂岩、硅含量高的工业白砂。其产生的相对较少的 40 目和更粗的材料是一种工业副产品，但该粒径尺寸的白砂却证明是理想的水力压裂产品。至少从 20 世纪 50 年代中期以来，渥太华地区的圣彼得砂一直用作压裂支撑剂。北部其他主要的白砂矿床是约旦（Jordan）砂岩、沃内沃克砂岩和西蒙山砂岩。

用作支撑剂的绝大多数优质砂产于美国中西部和北部，特别是伊利诺斯州北部、明尼苏达州东南部及威斯康星州中西部地区，而这些地区基本上没有油气生产活动。美国中西部和南部各州的部分露头白砂产量较少。这些优质类型的矿床可以称为一级压裂砂。

圣彼得、沃内沃克和西蒙山的砂岩地层是由显著的风和水侵蚀沉积形成的。这些特殊的地层不是冰川沉积，而是古老的海侵海岸线和离岸石英砂坝沉积，经过数千年的风浪作用而显著分选和风化。这些古矿床显示出特殊的矿物学、地质学和结构成熟度。

最古老、最不具商业开发价值的地层是西蒙山砂岩。在超过 5 亿年的时间里，矿床直接位于前寒武纪岩石上。沃内沃克组和约旦组也是寒武纪的沉积层，是形成 20/40 目和更粗的北部白砂压裂砂更为知名的地层。这些地层还包括亚小层，如约旦地层的瓦诺瑟组和诺沃克组，沃内沃克地层的艾恩顿组和盖尔斯维尔组。历史上最年轻、最具商业开发价值的矿床是圣彼得砂岩，这是一个奥陶纪地层，距今 4.4 亿年。圣彼得砂岩也是地质上分布最广的砂岩，其商业露头从中西部一直延伸到美国南部。

2. 棕砂或布雷迪砂

压裂砂的另一个常用砂为是布雷迪砂或称为黄砂。尽管得克萨斯州有许多砂矿床，但压裂术语中的"得克萨斯"砂几乎完全是指位于得克萨斯州中部布雷迪和沃卡附近的希科里砂岩（莱利地层）矿床。砂子通常比北部的白沙更黄，呈棕色或红色，因此被称为得克萨斯棕砂。关于在油井应用中使用得克萨斯棕砂的参考资料至少可以追溯到 1958 年。这种材料过去和现在都是 20/40 目和更粗粒径尺寸的重要来源。

虽然是寒武纪地层，但希科里砂岩在矿物学或结构上不如圣彼得砂岩、约旦砂岩和沃内沃克砂岩成熟，其中多晶和半复合石英矿物含量的百分比更高。个别石英颗粒没有圆形和球形，特别是在更细的粒径尺寸中，并且由于嵌入了长石而倾向于在酸中具有更高的溶解度。在进行抗压试验时，砂子往往产生较高百分比的细粉，在较高的应力和温度地层中，其导流能力较低。

颜色不是性能的直接标志，希科里砂岩是优质粗粒砂岩的重要来源，位于二叠盆地等主要产油区附近。在美国、加拿大和其他地方还发现了许多具有布雷迪砂型特征的其他矿床，这些优质砂可称为二级压裂砂。

3. 非传统的本地砂

由于非常规资源的大规模开发，2001 年开始支撑剂的需求呈爆炸式增长。传统的北方白砂和布雷迪砂资源紧张。新的非传统砂源本地砂得到开发。这些非传统砂源通常一个或多个指标不符合传统的 API 或 ISO 压裂砂标准（ISO 13503－2，2008；ISO 13503－5，2008），但它们满足了国内和国际采购申请。

这些非传统的、适合的砂可称为三级压裂砂。尽管其中一些砂源地储量较少，但大规模非常规压裂的持续发展可能需要继续使用非传统砂，因为在这些地方，质量更高的天然砂或人造支撑剂不易获得，或使用成本高昂。

优质压裂砂是源材料和加工工艺的共同作用。砂的加工包括采矿权（位置和许可）、采矿（剥离、爆破和破碎）、湿法加工（清洗和加氢）、干燥、筛分、测试和出厂。加工不充分会导致材料变脏、成坨和筛分不好。例如，特定产品的级配分布不仅影响抗压性，而且更重要的是影响支撑剂充填层的导流能力。与陶粒支撑剂不同，压裂砂粒径尺寸取决于原砂的自然粒径分布。

基本石英砂类型及特征见表 4-5 和图 4-12。

表 4-5　不同级别石英砂及其主要特征

等级	通用名称	主要特征	地层	形状 （圆度 & 球度）	破碎率 （K 值）
1 级	优质砂 北部白砂 白砂 南部白砂 渥太华砂	单晶 99%SiO₂ 奥陶纪/寒武纪 地质成熟 质地成熟	圣彼得 约旦 沃内沃克 西蒙山 北部混合	圆度≥0.7 球度≥0.7	20/40 目：6~8K 30/50 目：7~9K 40/70 目：8~11K
2 级	布雷迪黄砂 希科里砂	多晶/单晶混合物 97%~99% SiO₂ 地质成熟 质地欠成熟	希科里 温尼伯奥陶纪	圆度≥0.6 球度≥0.6	20/40 目：4~6K 30/50 目：5~7K 40/70 目：6~8K
3 级	可选 非传统砂 本地砂	多晶 <98% SiO₂ 地质欠成熟 质地欠成熟	风成砂 普拉西 沙伦聪 河砂	圆度<0.6 球度<0.6	20/40 目：≤4K 30/50 目：≤5K 40/70 目：≤6K

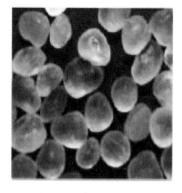

（a）一级 优质北部白砂　　　　　（b）二级 布雷迪砂　　　　　（c）三级 河道砂

图 4-12　基本石英砂类型

二、石英砂规模化应用

水力压裂是非常规油气提高单井产量和提高采收率的主要技术手段，为油气田的高效开发提供了技术保障。压裂作业后，压裂液逐渐排出，在储层中唯一留下的是支撑裂缝的支撑剂，提供一条高导流能力的通道，使更多的油气流入井筒，用以保持油气渗流通道的长期畅通，这种关系突出了支撑剂及其选择在水力压裂作业中的显著意义和关键作用。支撑剂占油气井初期投产耗资的重要部分，而且决定着油气井的经济寿命。支撑剂费用过高造成不必要的浪费；反之，投资过小，会由于储层产出不足，造成油气井没有经济效益，只有花费较少但竭尽产层能力才是水力压裂设计的终极目标，因此支撑剂类型和粒径的选择至关重要。

当前美国页岩气压裂技术的发展方向是创建更长、密度更大的压裂裂缝渗流通道。

1. 更大的裂缝网

页岩油气井较长的水平井段可以以较低的综合成本获取更多的油气，并且可以减小对环境的破坏，油气行业一直在尽可能地钻更长的井。

支撑剂量和压裂液量增加。2010—2019 年水平井单位水平段段长内，落基山（Rock-ies）的压裂液量增加到 25bbl/ft，得克萨斯州的压裂液量增加到 40bbl/ft 以上，而落基山的支撑剂平均质量增加到约 1000lb/ft，得克萨斯州超过 2000lb/ft；施工规模的差异很大程度上与目标区域储层的厚度有关。

压裂液使用的趋势为所用化学添加剂的品种更少，添加剂量也减少，并转向低摩阻（FR）滑溜水和高黏度减阻剂（HVFR），以及更便宜、质量较差的本地砂。

2. 高密度裂缝分布

压裂段数增加，簇数增加。平均段数已增加到每口井约 40 段，平均段长已减少到约 200ft/段，为实现更有效的射孔簇可以降低压裂段数。

2010—2019 年，单位水平段长排量从 0.2bbl/（min·ft）增加到 0.5bbl/（min·ft），这种变化也导致以马力衡量的压裂车队规模迅速增加。

随着页岩革命推向低质量储层，2014 年以来，北美地区通过技术及管理创新，采用石英砂替代陶粒、就近建砂厂等方式，大幅降低了水力压裂工程作业成本，助推了非常规油气经济高效开发。无量纲裂缝导流能力的概念促使油气行业使用更低质量的支撑剂，由高价格高质量的陶粒转向低价格、低质量的白砂，最近又从白砂转移到二叠盆地和鹰滩盆地的当地砂。

如图 4-13 所示，随着水平段长、加砂强度的增加和水平井改造数量的增多，2012 年，北美地区支撑剂使用量约为 $760×10^8$lb（石英砂、树脂涂层砂和陶粒）。2018 年，支撑剂行业创下近 $2300×10^8$lb 的使用量纪录，其中石英砂占比 90% 以上。北美地区每口井的支撑剂使用量显著增长（这与向北美地区水力压裂行业供应的支撑剂总量的总体增长直接相关），单井支撑剂用量由 2010 年的 1500t 上升到 2018 年的 5000t。基于"经济够用"理念，用价格低的石英砂（约 120 美元/t）替代陶粒支撑剂（约 480 美元/t），经济成本优势巨大。

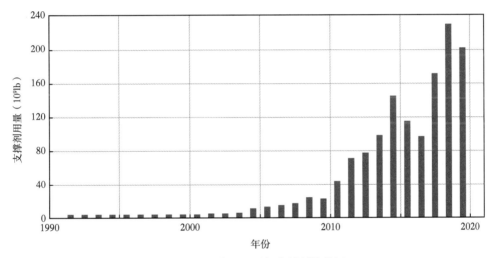

图 4-13　北美地区历年支撑剂的使用

在经济因素的推动下，高品质支撑剂（如树脂涂层砂 RCS 和陶粒）已被边缘化，现在油气行业将重点放在成本更低、质量较差的本地石英砂。同时油气行业正朝着更小粒径支撑剂的方向发展，首先转向 40/70 目粒径尺寸，最近是 100 目+支撑剂。小粒径石英砂成为北美地区使用支撑剂的主流，2014—2018 年 40/70 目石英砂产量由 $1400×10^4$t 增长到 $2500×10^4$t，100 目细粒砂由 $750×10^4$t 增长至 $2500×10^4$t，二者之和占 2017 年支撑剂总产量的 60% 以上。仅二叠盆地 100 目石英砂用量从 2015 年开始占据主导地位，20/40 目石英砂占比急剧降低；2016 年，100 目石英砂用量占比已超 50%。这些都促进了本地石英砂的使用，并可以降低所用压裂液的黏度。

图 4-14 说明了 2010—2019 年支撑剂使用的趋势。在威利斯顿盆地中，左侧为红色，20/40 目使用量明显降低，随着当地运营商的转换，该位置已被 40/70 目和 100 目取代，压裂液从瓜尔胶转向 FR 压裂液体系。油气行业 2014 年低迷时期使陶粒不再是一种经济选择，而白砂在威利斯顿取代了陶粒。二叠盆地和鹰滩地区的数据也表明从 20/40 目向 100 目石英砂转移，并且是从威斯康星州和明尼苏达州的白砂到本地石英砂的转移。粉河（Powder River）盆地是唯一仍大面积使用 20/40 目砂及树脂涂层砂的地区。

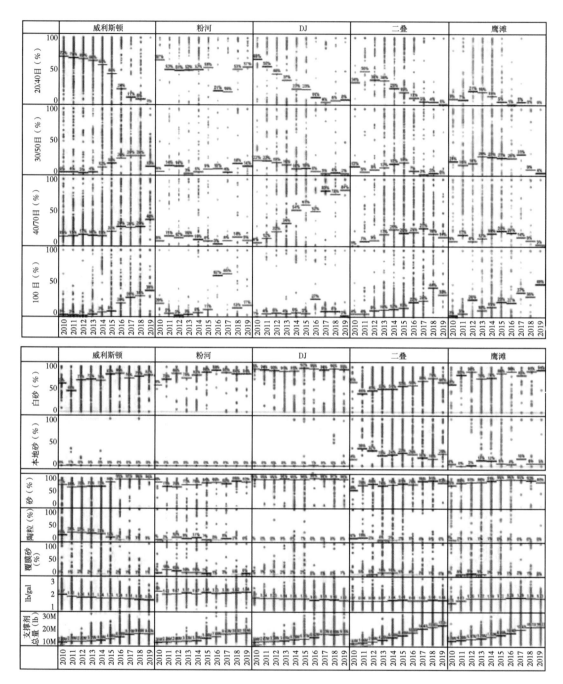

图 4-14　自 2010 年以来五个主要油气盆地的支撑剂趋势

不同类型和粒径尺寸的支撑剂性能是使用不同技术的组合进行评估的，包括大数据多元统计、实验室导流能力测试、详细的裂缝和储层建模和直接的井群产量比较，这些比较基于生产历史匹配和流体注入诊断（DFIT），以及数千个现场支撑剂导流能力测试的渗透率估算值，以确定无量纲导流能力估算值，然后将这些技术的结果与经济分析相结合，就可以提供支撑剂优选标准，该方法是最科学的优选支撑剂的方法。

三、石英砂本地化降本增效

为了获得更高的油气产量，技术人员进行了大液量、大排量的压裂施工，以激活天然裂缝并诱发微尺度裂缝，并将其连接到压裂施工产生的主撑裂缝，形成复杂的裂缝网络。近年来，压裂砂和压裂液量一直呈稳定增长趋势，特别是在水平井多段压裂施工方面。在某些情况下，每个压裂段使用压裂砂的平均数量约为 100×10^4 lb，或大于 5000lbm/ft。如此大量的石英砂会给压裂施工带来可观的成本，并且需要大量的后勤工作和操作上的部署。

最理想的支撑剂是坚固的、耐压碎的、耐腐蚀的、低密度的，并且价格低廉。选择一种经济的支撑剂是一项艰巨的任务，该支撑剂应能承受应力、长时间、腐蚀、流体和压碎，并具尽可能高的导流能力。长期以来，本地砂一直被认为是劣质支撑剂材料，因为与常规优质压裂砂相比，本地砂通常具有较低的抗压强度、球度和圆度，并且具有较高的矿物"杂质"。然而，近年来，因这些砂紧邻水力压裂施工现场，其输运成本低，已经使技术人员和服务公司重新引起了全球对这些砂的重视。例如，在北美的二叠盆地，当地棕砂的价格要比优质的北部白砂的成本低得多。通过本地化砂厂建设，石英砂价格由 180 美元/t 降至 50 美元/t，节省了 2/3 以上的长途运输费用，仅 2018 年已累计节省支撑剂费用达 22 亿美元，经济效益显著，此外自建砂厂也利于支撑剂质量源头上的把控。

1. 本地砂导流能力

由于支撑剂的运输，可获得性和成本对供应链和运营商提出了挑战，因此新的本地砂矿已经开始满足经济支撑剂的需求。当前的测试数据库包括来自 DJ、南得克萨斯（鹰滩）和二叠盆地的 145 个本地/棕色砂样品和 685 个北部/白砂样品。在 6000psi 的恒定应力下，以 2lb/ft^2 的支撑剂浓度进行了 50h 的测试（ISO 13503-5，2006）。

图 4-15 显示，100 目和 40/70 目白砂导流能力分别是本地砂的 1.8 倍和 2.4 倍。这清

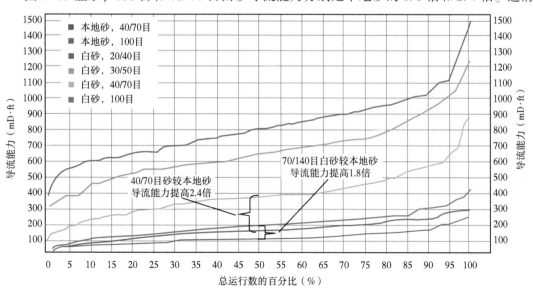

图 4-15 不同粒径的本地砂和白砂在最大加载应力 6000psi 情况下的导流能力对比图

楚地表明，在相同的实验室测试条件下，白砂比本地砂可提供更高的导流能力。当然，支撑剂筛孔的尺寸甚至更为重要。20/40目的白砂具有最高的导流能力，比100目的本地砂高约8倍。

威廉姆斯（2019）发现，在页岩油气水平井的生产响应中，可以用支撑剂的量弥补因使用质量差的自然石英砂带来的的损失。典型的水平井有数百个水力压裂裂缝，这些裂缝有助于更多油气流进井筒，这意味着每个压裂裂缝占总油气流的比例可以降低，这将大幅降低对裂缝导流能力的需求。

2. 本地砂对油气产能影响

在实验室测试中，本地砂始终比同粒径尺寸的等效白砂显示出低得多的导流能力，但是由于其储量丰富且可本地购买，因此使用本地砂降低成本对许多运营商而言非常有吸引力。但最大的问题是，在使用本地砂时，井的产量是否会受到不利影响。

1）案例1：鹰滩和二叠盆地大数据统计

在南得克萨斯盆地（鹰滩）总共统计了1770口白砂井和300口本地砂井，在二叠盆地内汇总了1050口白砂井和350口本地砂井，并比较了365d和730d的产油量，水平段支撑剂用量均标准化（单位为bbl/ft）（图4-16）。区域性本地砂的井数明显低于白砂井，但是随着越来越多的运营商进行转换，这种井数差异很快就会消失。该数据此时尚未通过完井和储层属性进行归一化，而是显示在累计频率图上以显示365d和730d生产结果的分布图。图4-16表明，本地砂和白砂井的产能非常相似。

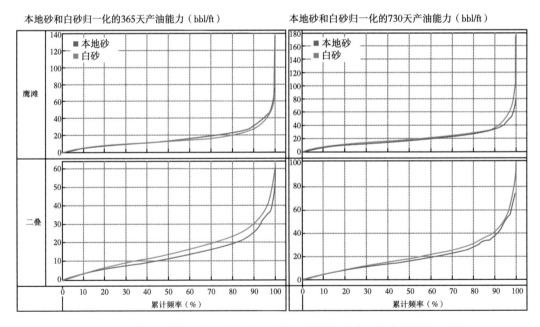

图4-16 鹰滩（顶部）和二叠盆地（底部）使用白砂和本地砂累计油气产量

2）案例2：DJ盆地的陶粒、白砂和本地砂油井性能

在DJ盆地中，陶粒支撑剂和本地砂的使用并不常见，几乎没有数据可以进行比较。下面讨论了使用陶粒支撑剂和本地砂的两口井的结果。

（1）陶粒支撑剂。

针对一个具有 4 口井的平台进行了案例研究，其中一个井使用了陶粒支撑剂（ISP），其他井使用了白砂。该平台井的压裂设计非常相似，目的层为 Codell 地层。两个石英砂井完井方式为滑套，另外两个是桥塞射孔，包括陶粒井。图 4-17 显示了大约三年内白砂井和陶粒井的累计油气产量，在早期使用 20/40 目陶粒的油气井和使用 30/45 目白砂井的油气产量相当，但在大约一年后使用 20/40 目陶粒的油气井产量均低于使用 30/45 目白砂井。

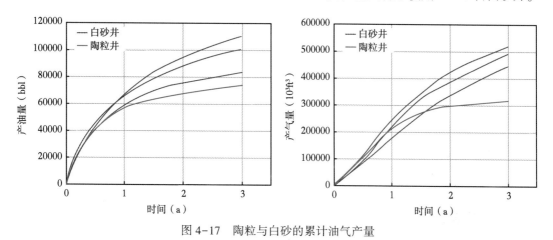

图 4-17　陶粒与白砂的累计油气产量

样本量很小，因此结论有限，但数据清楚地表明，具有较高裂缝导流能力的陶粒井的产量不及白砂井。

（2）本地砂。

由于 DJ 盆地中目前没有商业性压裂砂，因此无法获得将 DJ 盆地中本地砂与白砂进行比较的数据。针对某个地区进行了案例研究，该地区的一口井使用了 DJ 盆地附近的本地砂。

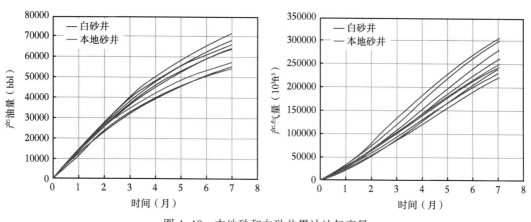

图 4-18　本地砂和白砂井累计油气产量

这项研究中的井位于奈厄布拉勒地层和科德尔地层中两个相邻的水平井平台上，并且在奈厄布拉勒井上使用了本地砂。比较中仅考虑了奈厄布拉勒井的压裂设计和完井情况，并且在所有井中都非常相似。除本地砂的井外，所有井均使用 30/50 目和 40/70 目的比例为 1∶1 的白砂。使用本地砂的井使用了大约 66% 的 30/70 目本地砂、18% 的 30/50 目白砂和 16% 的 40/70 目白砂。图 4-18 显示，在大约 200d 的时间内，本地砂井的油气产量处于白砂砂井产量以下。由于仅存在一口本地砂井可供观测，因此无法衡量这些井的产量变化，因此从这些数据中得出的结论非常有限。但是，本地砂井的产量不会超出其他白砂砂井。

3）案例 3 米德兰（Midland）盆地的储层模型和经济性

米德兰盆地涵盖了广泛的储层条件，据估计，该地区所用本地砂砂量超过了总用砂量的 50%。在斯普拉贝里（Spraberry）地层下部中 7800ft 水平段分成 52 段压裂的数据。流量控制使用恒定的井底压力作为模拟条件，图 4-19 为所用石英砂的导流能力及水力裂缝信息。对于 40/70 目的白砂和本地砂，三年累计产量分别为 60675bbl 和 57701bbl。累计产量的百分比差异为 5%，而白砂为佳，但是右侧图上的本地砂在 NPV 中有 13.5% 的优势（图 4-20）。

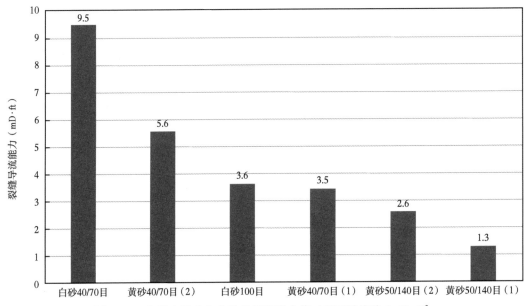

图 4-19　各种本地砂和白砂的导流能力值（铺置浓度为 0.5lb/ft²，
储层渗透率为 0.000165mD，裂缝半长为 356ft）

4）案例 4：米德兰盆地石英砂类型对生产的影响

该数据库包含来自沃尔夫坎普（Wolfcamp B）地层 302 口分段压裂水平井的储层、完井、压裂和生产信息。图 4-21 提供了相对于总垂深和单位水平段长所用支撑剂质量绘制的产量数据图，并按支撑剂类型进行了着色，此研究仅包括白砂和本地砂数据。"未知砂类型"数据集用于进行比较。在此数据库中，完井设计的变化很大，水平井长度范围为 4000~15000ft，支撑剂强度为 500~4000lb/ft，压裂段长度为 59~769ft。其中 33 口井完井时使用本地砂，其余的井使用更传统的白砂。图 4-21 中的数据分布并没有表明本地砂和白砂井之间的任何明显的产量差异。

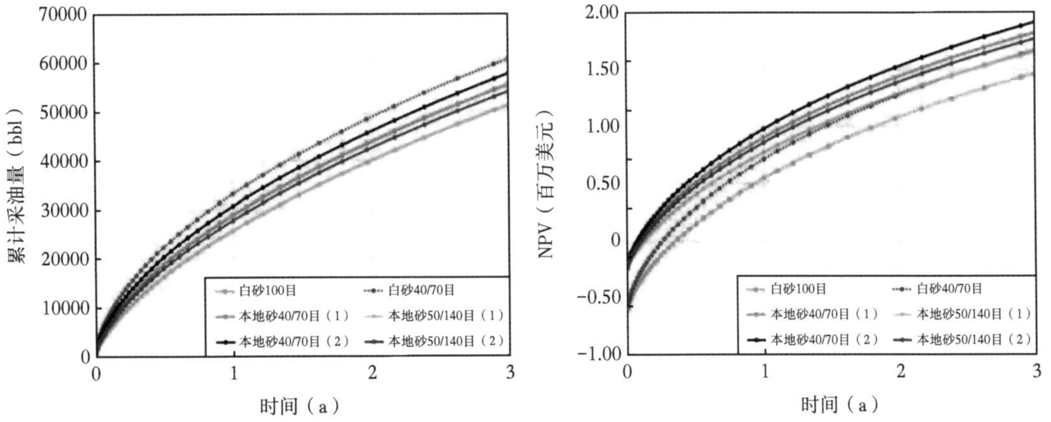

（a）累计采油量　　（b）净现值

图 4-20　不同支撑剂类型对应

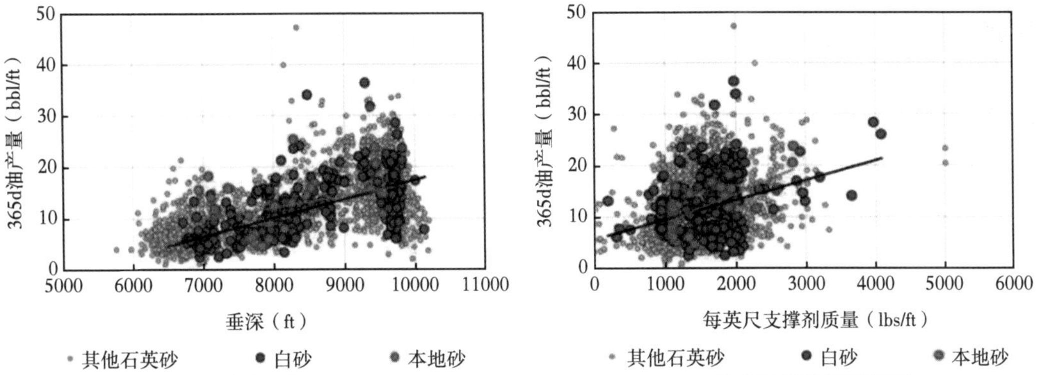

（a）TVD　　（b）每英尺支撑剂质量

图 4-21　累计产量图

第三节　酸　液

页岩气藏属于低孔隙度、低渗透率致密储层，需要大规模滑溜水压裂才能实现商业性开发，但是施工时常会用到酸液。一般情况下，酸液是作为预处理液，起到清除近井筒伤害，与炮眼处岩石发生反应，降低页岩地层的破裂压力等作用。

一、酸液作用

页岩气井压裂前使用酸预处理用以浸泡井筒残留钻井液及其他堵塞物，以降低施工压力。特别是在 3500m 以深的深层页岩气区块中，如海恩斯维尔、鹰滩（干气）和迦南伍德福德等区块，储层埋深增加，井筒摩阻增加，井口施工排量受限。另外，深层地应力和水平应力差增加，较难达到裂缝张开的临界压力，造缝宽度更窄，加砂容易砂堵。需要根据现场实际情况进行酸预处理，但是需要严格控制酸液用量，排量也不宜过大，否则会有相当数量的酸液在变成残酸前随着水力压开的裂缝进入裂缝远部，致使降压效果大受影响。

另外，北美一些地区页岩气藏矿物成分除了含有石英、长石、黏土矿物外，还含有相当数量的碳酸盐岩，如鹰滩页岩中碳酸盐岩的含量可高达70%。若采用常规的中性滑溜水压裂，易造成近井筒裂缝复杂，不利于远端裂缝转向，影响压裂效果。对于这类页岩储层，可采用酸性滑溜水进行体积改造。一方面利用耐酸滑溜水与酸性滑溜水黏度差异，可以实现变黏压裂，利于裂缝转向，形成复杂缝网。

目前，国外学者从室内实验、理论分析等方面对岩石酸处理已开展了大量研究。Grieser等用低浓度HCl（浓度介于1%~3%）静态溶蚀页岩10~180min，并采用X射线衍射法（XRD法）和电子显微镜扫描图像处理法（SEM法）分析了页岩矿物组成和微观表面结构的变化特征，发现酸处理后页岩微观结构将复杂化。Morsy等采用静态溶蚀的酸处理方式，使用浓度为15%的HCl在24h到一周不等的时间，对北美地区的巴内特等多个页岩气产层进行了酸处理对比实验，发现酸处理后页岩微观结构将会发生显著变化，且孔隙度增加，同时矿物晶体结构也发生显著变化；即使使用低浓度HCl，也会使页岩杨氏模量、单轴抗压强度分别降低25%~58%、27%~70%。Tripathi和Pournik、Wu和Sharma研究中使用浓度为15%的HCl处理页岩，发现经过酸处理后页岩硬度降低30%~70%，支撑剂嵌入页岩情况严重，导致裂缝导流能力降低。

二、酸液类型

常使用的酸液一般为浓度为10%~15%的盐酸。McCurdy等于2011年的研究表明，15%HCl的优化用量应为泵注压裂液总量的0.08%~2.1%。

Samiha Morsy等测定了采用稀盐酸[（质量分数）1%~3%]对鹰滩、曼科苏（Mancos）、巴内特和马塞勒斯页岩处理前后的孔隙度和采收率指数。发现未经稀盐酸处理的页岩孔隙度和采收率指数分别为1%~3%和3%~13%，处理后分别提高到1.3%~10.5%（图4-22）和28%~47%。据此Samiha Morsy等认为使用酸性压裂液可以改善非常规页岩储层的采收率。

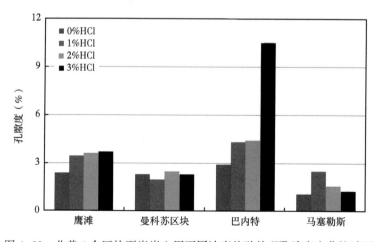

图4-22 北美4个区块页岩岩心用不同浓度盐酸处理孔隙度变化统计图

Divyendu Tripathi 等认为页岩气井产量迅速递减的一个主要原因是次级裂缝网络中支撑剂铺置较少，一旦裂缝净压力低于闭合应力，这些无（少）支撑剂的次级人工裂缝和天然裂缝就会闭合，对产量产生不利影响。Divyendu Tripathi 等对页岩岩心的支撑裂缝注酸实验结果表明，15%的盐酸产生了刻蚀裂缝网络，有助于保持次级裂缝的导流能力（图4-23）。

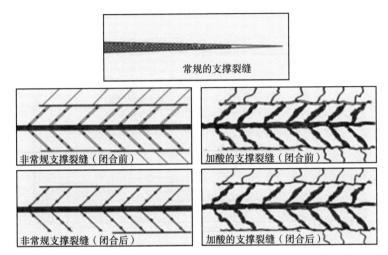

图 4-23　使用酸液处理前后主裂缝和分支裂缝闭合前后的支撑情况对比图

Robin Singh 等针对富含方解石的页岩开发了一种纳米封装固体酸，这些固体酸在未支撑裂缝闭合时会发生破碎并释放酸，产生非均匀的局部表面蚀刻，可以极大地提高（可达40 倍）未支撑裂缝的渗透率（图4-24）。

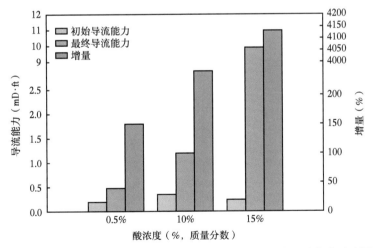

图 4-24　使用纳米封装固体酸处理前后 Eagle Ford 页岩导流能力对比图

三、应用实例

图 4-25 是北美迪韦奈页岩气超长水平井压裂注酸降破裂压力典型曲线，页岩气压裂过程使用酸液主要作用为解堵和降低破裂压力，主要在水平井第一段压裂解堵和深层

页岩气降低破裂压力中使用，随着北美地区页岩气水平段长度的逐渐增加，井深超过7000m，管路摩阻越来越高，现在对于长水平段页岩气井基本每段都使用酸降低破裂压力，随着深度的降低，用酸量也逐步减少，满足建立施工排量的要求，现场一般单段用酸量 $3 \sim 5m^3$。

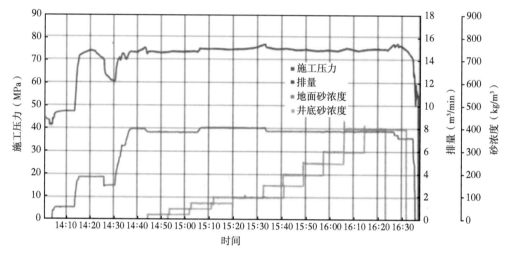

图4-25 迪韦奈页岩气超长水平井压裂注酸降低破裂压力典型曲线

在现场还可以通过注酸后压降效果来判断是否真正压开新储层，注入转向剂储层已经经过了大量支撑剂的注入和打磨，酸处理对降低施工压力的影响较小，而如果通过转向剂注入压开新层，则注酸就能够很好地降低注入压力。由于酸对转向剂性能没有影响，酸液注入与压裂液注入具有相同的效果。因此，泵注过程中压力的降低主要与酸液对储层和近井筒区域裂缝的溶蚀反应相关（图4-26）。

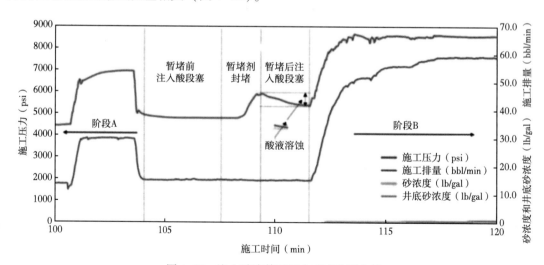

图4-26 注入酸液前后压力响应典型曲线

第四节 转 向 剂

页岩气井进行水力压裂的目的是在储层与井筒之间建立高导流能力的流动通道。要达到最高效率，需要改造被处理层段上的所有射孔孔眼。然而在页岩储层中达到这样的覆盖范围不太容易，原因是储层的破裂压力在整个射孔层段上可能变化很大，射孔孔眼不能够均匀开启形成裂缝并延伸。压裂工程师开发出了页岩气转向压裂技术，这项技术是在一段（级）压裂中间或两段（级）压裂之间在向井中泵入转向剂，以期提高裂缝的开启效率。

一、转向剂作用

传统桥塞射孔连作完井方法一般每一段（每一级）进行一次压裂作业。本段压裂结束后就转向下一个层段，而压裂液总是从阻力最小的通道流动进入被改造的射孔孔眼，因此未被压裂开的射孔孔眼就被忽略了。

压裂工程师希望在每一段（每一级）的压裂进行到一定程度时，可以采用含有转向剂堵住处理过的射孔孔眼或水力裂缝（图4-27），迫使压裂液转向进入未处理过的射孔孔眼并开启新的水力裂缝，从而提高射孔孔眼和裂缝的开启效率，并最终提高井的产能。不过，转向剂应该是可降解的，保证压裂完成后被堵住射孔孔眼或水力裂缝的流动能力可以恢复。

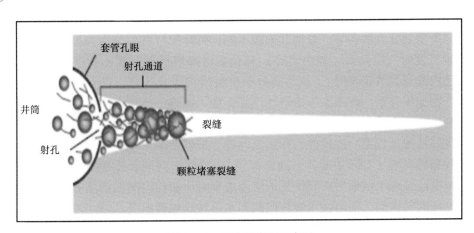

图 4-27　转向剂作用示意图

二、转向剂类型

转向剂在储层改造领域的应用已经超过 80 年，有关转向剂最早的报道是哈里伯顿石油固井公司在 1936 年提出的专利技术，即使用脂肪酸盐与氯化钙反应产生的沉淀物作为转向剂；一年之后，哈里伯顿提出了凝胶体系作为转向剂。在非常规酸化改造中注入硫酸，与碳酸岩反应后产生不可溶的硫酸钙作为转向剂。但这些转向剂均会对储层造成潜在的永久性伤害，因此，需要使用可降解或溶解的暂堵转向材料进行储层改造。

降解类的暂堵转向材料能够自行降解，无需二次施工清除，具备显著的安全性和经济效益。目前，可降解转向剂材料概况见表4-6，现有可降解暂堵材料中，聚乳酸及乳酸共聚物应用最广泛。

表4-6 可降解聚合物种类及优缺点

种类	单体类型	优点	不足
纤维素	葡萄糖	来源广泛、价格低廉、安全无毒、易于改性	高度结晶、不熔化、溶解性差、不易加工
甲壳素	乙酰氨基脱氧葡萄糖	天然产物、安全无毒、易降解、成膜性好	强度较差、溶解性不好
蛋白质	氨基酸	易于生物降解、安全无毒	价格昂贵、力学性能和热稳定性不好
聚氨酯	异氰酸酯与羟基化合物	成本低、来源丰富、力学性能好	熔点低、降解速度过慢，降解易于释放有毒物质
聚二元酸酯	二元酸和二元醇	安全无毒、良好的理化性质	结晶度高、脆性、热稳定性差、成本相对较高
聚乳酸	乳酸	安全环保、力学性能良好，易于加工成型、耐受温度达180℃、易于共聚改性	交联性能差，结晶性较强

转向剂类型划分方法各异，根据其来源不同，可降解材料可分为两类：天然可降解材料（纤维素、淀粉、甲壳素、蛋白质等）和合成可降解材料（聚乙烯醇、聚乙醇酸、聚乳酸、聚己内酯及其共聚物等），这些高分子材料结构单元各异，具有不同的性能。天然可降解聚合物如甲壳素、纤维素等溶解性不好，加工困难，不适合作为可降解材料，蛋白质成本过高，也不合适。聚氨酯熔点较低（85℃左右），降解容易释放有毒物质；只有聚酯类具有良好的加工成型、改性能力和耐温性能。根据使用形态的不同，可将压裂用转向剂分为颗粒型转向剂（如苯甲酸片、沥青等）、冻胶型转向剂、纤维型转向剂和泡沫型转向剂等；根据压裂施工结束后需要恢复地层渗透率时压裂转向剂的解堵方式为依据，将其分为酸溶性压裂转向剂、油溶性压裂转向剂和水溶性压裂转向剂。

暂堵转向材料可分成暂堵球，暂堵颗粒和纤维型三类（图4-28），转向球（直径5mm以上）、大颗粒（直径1~5mm）、小颗粒（直径小于1mm）、粉末（60~100目）和纤维系列暂堵转向材料。颗粒型转向剂容易进入裂缝较深部位形成桥堵，纤维型转向剂容易在裂缝端部集聚形成暂堵，将两者优势结合，可以提高暂堵效率。

其中，转向球、大颗粒、小颗粒用于暂堵已压开裂缝层段的射孔孔眼，迫使改造工作液进入未压开层段，实现分层分簇改造，提高分层分簇效率；小颗粒、粉末和纤维材料，用于暂堵已开启的裂缝，迫使其转向形成多分支缝网，扩大改造范围。

目前，颗粒转向剂应用最广泛，根据颗粒尺寸，可分为四类（表4-7、图4-29）：大颗粒、中等颗粒、小颗粒和极细颗粒。

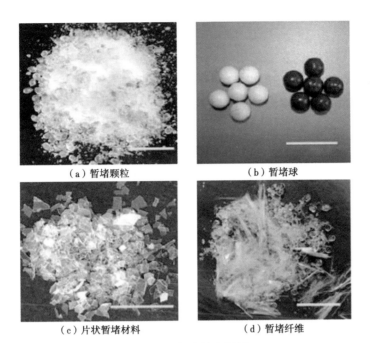

（a）暂堵颗粒　　　　　　　　　（b）暂堵球

（c）片状暂堵材料　　　　　　　（d）暂堵纤维

图 4-28　暂堵转向材料

表 4-7　典型转向剂颗粒尺寸

类型	用途	尺寸
大颗粒	封堵射孔孔眼、张开裂缝和碳酸盐岩孔洞	4~18 目（0.88~4.75mm）
中颗粒	封堵射孔孔眼，填充裂缝	20~70 目（0.212~0.83mm）
小颗粒	嵌入大颗粒中，降低填充层渗透率	100~200 目（0.075~0.15mm）
极细颗粒	降低填充层渗透率，在更远端形成桥堵	270~400 目（00.38~0.053mm）

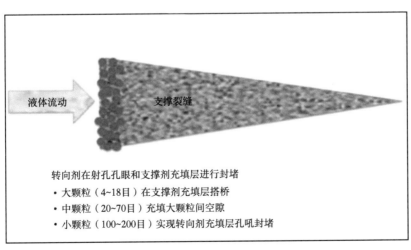

液体流动　　　　支撑裂缝

转向剂在射孔孔眼和支撑剂充填层进行封堵
· 大颗粒（4~18目）在支撑剂充填层搭桥
· 中颗粒（20~70目）充填大颗粒间空隙
· 小颗粒（100~200目）实现转向剂充填层孔吼封堵

图 4-29　暂堵颗粒桥堵射孔孔眼示意图

三、转向剂应用实例

颗粒暂堵转向改造施工主要包括两个阶段：一是常规的压裂改造阶段，二是转向剂注入阶段。转向剂注入阶段要求降低施工排量，低排量能够使液体处于层流状态，使得转向剂能够处于一个整体，避免井筒内分散使得转向剂的封堵能力降低。现场的泵注排量一般控制在 1.5~2.0m³/min 之间，在转向液进入井筒后排量可以提高到设计排量，当转向液要到达射孔孔眼及裂缝时要降低排量，当暂堵液进入裂缝并形成暂堵后，将排量提高至初始排量来判断是否压开新层。

某研究区域 4 口井都采用 6in 裸眼结合 4½in 尾管固井完井。第 1 口井分 30 段压裂改造，段间距 330ft，在第 2~15 段每段射孔 3 簇，单段射孔孔眼总数 24 孔，每簇射孔 8 个，第 16~30 段每段射孔 4 簇，同样总射孔孔眼数 24 个，每簇射孔 6 个。为了对比不同井段的改造工艺，第 1~5、11~15、21~25 段采用常规改造，第 6~10、16~20、26~30 采用暂堵转向改造。后面三口井分 34 段进行改造，段间距为 300ft，其中第 2~6 段分 3~4 簇射孔，第 7~10 段分 5 簇射孔，剩余的 11~34 段分 6 簇射孔，保持各射孔簇的总射孔数量均为 24 孔，3 簇射孔段采用常规改造，超过 3 簇射孔段采用暂堵转向改造。

为了更好地判断暂堵转向效果，需要在泵注程序中增加阶梯降排量测试及停泵测试以便于分析是否有新裂缝产生。首先需要在未进行加砂前进行阶梯降排量测试，其次在加砂结束顶替后进行阶梯降排量测试，然后在注入转向剂和酸后进行阶梯降排量测试，最后在第二段加砂完成后进行阶梯降排量测试，同时通过加砂后及转向剂注入后的停泵压力判断是否压开新层。

如图 4-30 所示，在注入转向剂前做一个简单的停泵测试（0 点），然后在点 1 注入转向剂，在点 2 为暂堵转向后的压力点，点 3 为转向剂进入地层后的阶梯降排量测试阶段。在转向剂注入过程中地面施工压力不断增加，由于吸液射孔孔眼被暂堵后形成的新裂缝弯曲摩阻较大，使得注入压力增加。可以看出转向剂暂堵后酸液进入地层对储层的溶蚀产生的压力降低远高于转向剂注入前酸液进入地层后的压降，表明暂堵转向后实现了高应力簇新缝的开启。

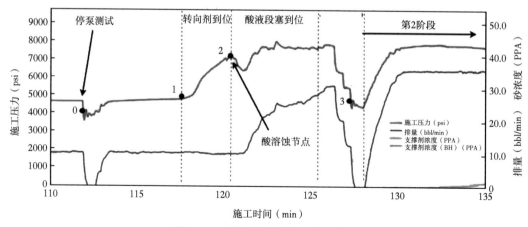

图 4-30　颗粒转向剂应用施工曲线

第五章 压裂配套工具与装备

页岩气压裂既是压裂技术理念的革命，也是压裂配套工具与装备的进阶过程。北美地区页岩气开发的成功经验表明，水平井分段压裂改造是页岩气勘探开发的关键技术。对比传统压裂技术，页岩气压裂具有大排量、大液量、大砂量、作业周期长等特性，压裂施工工具和设备必须与之匹配适应。但由于页岩极其致密的特性，压裂技术在提产和降本方面同时面临着巨大挑战，因此也促使压裂技术的各个环节朝着提高单井产量和提高作业效率方向发展。

为了实现经济高效开发页岩气，通常采用平台式布井、工厂化压裂的方式进行改造，简洁且快速的桥塞射孔联作技术成为了主体射孔技术，随着技术理念的发展和改变，等孔径射孔、模块式射孔枪等工具也逐渐应运而生。桥塞分段具有工序简单、卡位准确、可实时调整等优势，已经成为主流分段工具，尤其是近年来可溶材料的发展，也催生了可溶桥塞工具，使"全可溶、全通径"干净通畅的井筒条件成为可能。工厂化压裂显著提高了压裂效率，但单位时间内数倍工作负荷的激增，也对泵注设备、混配混砂系统、供水供砂系统及其他配套压裂装备和工具提出了巨大挑战。

第一节 射 孔 技 术

射孔作业是页岩气开发的一个非常重要环节，它利用化学能、机械能或者其他能量打开套管、水泥环和地层，形成储层与井筒之间的可靠有效的通道。随着技术发展和需求变化，射孔技术也从"为生产而射孔""为增产而射孔"转变为"为改造而射孔"。目前，页岩气开发已普遍采用套管完井射孔作业的施工方式；近年来，技术理念不断更新，配套工具及设备日趋完善，射孔作业也在传输方式、射孔器结构及功能上产生了很大变化。

一、射孔传输方式

1. 电缆传输

页岩气开发主要依靠水平井分段压裂改造，其中桥塞射孔联作技术是应用最广泛的分段多簇方法，在北美地区非常规油气藏改造中使用率占85%以上。电缆多级可控式起爆技术原名为选发射孔技术，这种射孔方式利用电缆连接多簇射孔枪和桥塞分段工具，在井口带压的情况下，依靠水力泵送入井，一次下井完成桥塞坐封及分簇压裂射孔作业。基本原理是将多个射孔弹装入多节射孔枪内，利用电缆将枪体下入井内，通过地面仪器监测后由下至上依次引爆射孔枪射开对应的层位。

电缆传输射孔具有四大明显的优点：（1）单次作业可实现多簇射孔：电缆射孔作业可将射孔枪串泵送至目的井深，一次入井可实现多簇压裂，北美地区可实现单次15簇以上的射孔作业，随着射孔枪长的改进，单次射孔簇数可进一步加大，这一方式极大地提高了射孔作业效率，降低了射孔作业难度；（2）作业简便周期短：只需要将射孔工具串及电缆泵送至目的井深，即可通电激发射孔装置，实现对第一簇的射孔作业，然后往上拖动至目的位置，再通电激发射孔，依次实现所有分簇的射孔作业，一次入井可实现多次射孔作业，作业周期较短。整个作业操作相对简便，对操作人员的专业技术水平要求不高；（3）定位快速准确：电缆输送射孔在下入过程中能实时与套管短节及接箍位置数据进行深度校正，定位迅速且在定位后能即时进行点火射孔，定位深度相比其他的射孔方式更准确；（4）占地小，可实现工厂化作业：这种方式占地面积较小，带压作业，单次作业周期短，非常适合大平台工厂化压裂，提高作业效率。

　　电缆传输射孔可以实现带压作业，单次作业周期短，密封可靠性高，非常适合大液量、大排量的水平井分段改造，理论上可以逐级泵入，分段压裂数不受限制，能实现无限级分段压裂。典型的管串结构（自上至下）：磁定位+加重+射孔枪+过线器+…+射孔枪+过线器+桥塞点火头+桥塞送进工具+桥塞推筒+桥塞（图5-1）。典型施工过程如下：井筒通刮洗→第一段射孔（连续管传输射孔、爬行器拖动射孔或打开破裂盘）→第一段压裂施工→电缆下入桥塞及射孔工具串→点火坐封桥塞→上提射孔枪到预定位置进行射孔→第二段压裂施工→每段依次压裂施工→最后一段压裂施工；按照此步骤依次进行后续射孔压裂作业。

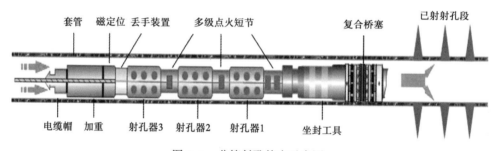

图5-1　分簇射孔管串示意图

　　在进行射孔泵送前或各段压裂之后，都需要先对井筒进行清洗，并且需要使用相同的液体清洗井筒，以防止因为流体黏度不同，对下桥塞过程产生影响。在进行工厂化压裂过程中，在地面设置专门的压裂泵车用于下桥塞和射孔作业，可以节约用水，并降低地面设备费用。下桥塞的最大安全速度受制于泵速、电缆下入速度及返排速度，依据现场施工经验，返排速度对下桥塞最大安全速度影响最大，而返排速度与桥塞外径、套管内径、电缆下入速度和泵送排量相关。

　　由于泵送方式及电缆材质的限制，这种工艺在使用过程中，仍然会遇到一些问题：（1）没有流动通道时的射孔：经常遇见的是每口井的第一段压裂施工，由于第一段压裂前，井筒属于封闭空间，没有流动通道，因此必须借助连续油管或者爬行器射孔，或者在完井时在目的井深预置破裂盘，建立流动通道，实现第一段压裂；（2）上倾井泵送困难：受储层倾角、水平井钻井工艺等因素的影响，如图5-2所示，部分页岩气水平井井眼轨迹上翘，且A点、B点落差大（一般为200~300m），电缆泵送需要克服工具串自重及与井筒的摩阻，导致泵送排量大、泵速慢。尤其在井斜角大于96°，桥塞坐封丢手及射孔瞬间，工具串易往A靶点方向反冲，导致电缆变形受损，甚至是电缆窜入枪串与套管间隙而被射流射断，造成管串落井；（3）对井筒要求高：如遇到水平井筒的狗腿度大、或井筒沉砂时，容易导致工具串遇阻，必须反复进行起放尝试，甚至不得不取出管串后再次通井、洗井，严重耽误工期。如果井筒发生套变或者破损，甚至造成卡枪、掉枪等事故，从而影响压裂施工。

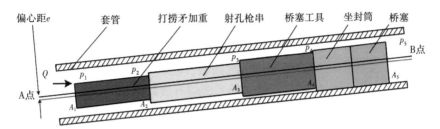

图 5-2　泵送分簇射孔管串结构示意图

2. 连续油管传输

连续油管传输射孔是页岩气压裂改造中重要的射孔方式之一，具有技术成熟、带压作业、施工风险低等特征。连续油管在处理井筒条件不佳、泵送条件较差的井况时可发挥重大作用，尤其在水平井第一段射孔中使用频率非常高。随着段内多簇压裂技术的发展，连续油管输送分簇射孔技术也逐渐完善，一次入井就可以完成桥塞坐封和多簇射孔，可大幅提高施工时效，降低作业成本。

按照工艺特点主要包括四种方式：内置光纤/电缆式、点火起爆、智能点火和压控开关。

1）内置光纤/电缆分簇射孔技术

这种技术同常规的光纤/电缆射孔技术原理类似，利用光纤或电缆传输数据，给井下电子选发块发出查询、控制和点火指令，由地面控制系统完成所有簇的点火作业。结合了光纤和电缆分簇射孔的技术优势，不改变分簇射孔器结构、连接及点火方式，只是将光纤或电缆装置内置于连续油管内，可以实现对连续油管深度的精确定位。

2）点火传爆分簇射孔技术

采用延时起爆技术，利用环控加压，引爆压力起爆装置，坐封桥塞及射孔枪，利用延时起爆技术，可实现一次入井多簇射孔。主要作业程序为：下管串；校准桥塞位置，环空加压起爆压力起爆装置坐封桥塞；上提连油至第一簇射孔位置，加压点火第一簇射孔枪；上提连油至下一簇射孔位置，等待延时点火第二簇射孔枪；然后重复上述步骤，直到所有射孔枪点火射孔；最后将管串起出。延时设置需综合考虑簇间距、井况及连油上提速度。

3）智能点火分簇射孔技术

充分发挥电子装置的可控制性、灵活性和精确性，点火头采用时间或临界压力/温度来激发，也可以采用压力脉冲或振动来激发。实际应用中一种是采用多个智能点火头与分簇射孔电子选发块的组合方式，采用倒计时或压力脉冲的激发方式，每个智能点火头控制每簇射孔枪的点火和起爆；另一种是采用一个智能点火头与分簇射孔电子选发块的组合方式，采用复杂的电子编程实现依次分簇点火作业。

4）智能点火+压控开关分簇射孔

该技术是基于压力控制式多级点火开关和智能点火头组合而成。多级起爆器能通过编程发送确定的点火指令，一旦接收到点火信号，即可通过正负极转换，按照用户设定的延迟间隔，最多起爆20级。

连续油管虽然具有良好的安全性，但由于设备特性，仍然具有定位精度差、占地面积大、操作时间长、作业成本较电缆泵送技术成本高等问题，而且针对上倾角度较大、水平段长度大的井筒条件，连续油管在泵送中也会出现自锁现象。

3. 牵引器输送

将多级射孔技术与牵引输送技术结合就形成了牵引器输送射孔技术，既能克服电缆无法泵送时的困境，又不会有连续油管自锁的问题，能和电缆泵送分簇射孔作业无缝对接，为水平井射孔提供高效手段。牵引器输送技术能够有效解决超长水平井及上倾水平井的射孔问题，具有高效、便捷的特点。

经过多年发展，牵引器结构日渐成熟，性能逐渐稳定，根据驱动方式可分为三种：转动轮爬行式、抓靠壁伸缩式、螺旋推进式。

1）轮式牵引器

它与套管壁连续接触，易于实现匀速控制，便于边走边测，但越障能力受到限制。其中典型的一种是自主驱动式的 Welletc 轮式电缆牵引器，另一种是支撑驱动式的 Sondex 轮式电缆牵引器。

2）伸缩式牵引器

伸缩式牵引器与井壁是面积接触，能提供更大牵引力；抓靠臂可收合，越障能力强；能够解决套管变径或套管变形等较严重的井况条件。

3）螺旋推进式牵引器

驱动轮系主体由驱动电机驱动沿轴线旋转，各驱轮的运动轨迹是一条沿着管壁的螺旋线，牵引器的前进速度和方向是螺旋运动速度在管道轴线方向的分量，螺旋角越小，得到的驱动力越大。

二、射孔器类型

射孔器是指用于射孔的爆破器材（射孔弹、导爆索、传爆索、雷管等）及其配套件的组合体。页岩气为了追求更大产量和经济效益，段内多簇压裂技术需求强劲，射孔器在枪长、组装方式和射孔弹角度等多方面进行了改进。

1. 短枪及模块化装配

因为压裂段的簇数越来越多，为了确保孔眼全部开启，每簇射孔枪的孔眼数就相应减少，在孔眼密度不变或者变大的情况下，单根射孔枪长度就会明显减小。DynaEnergetics DS Trinity 射孔器在单个平面（三个共面）中设置三个射孔弹来缩短射孔枪长度，新射孔枪总长度小于 0.2m，不到传统射孔枪的 1/3。

2. 等孔径射孔

射孔器下井过程中，射孔器周围与套管之间的间隙往往是不一致的，在间隙小的一侧，套管上形成的射孔孔眼较大，在间隙大的一侧，孔眼则较小，特别是对于水平井作业，由于仪器自重的作用，射孔器完全偏向套管下方的一侧，此时在套管上方形成的孔眼最小（图5-3）。

由于孔眼摩阻与直径4次方的倒数呈正比，孔眼大小的差异会降低有效孔数，提高孔眼摩阻和破裂压力，国外服务公司针对射孔枪在套管内不居中造成孔眼直径大小的不一致问题开展了大量研究，并开发出相应的射孔弹产品，如哈里伯顿公司的 MaxForce®-FRAC 射孔弹、GEO-Dynamics 公司的 FracIQ™ 射孔系统、Hunting Titan 的 Consistent Through Hole Charge 射孔弹、斯伦贝谢公司的 StimStream 压裂专用射孔弹等。

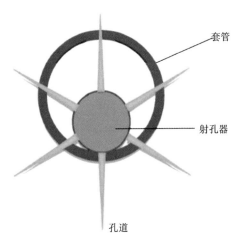

图5-3　射孔器在套管中偏靠位置射孔示意图

第二节　桥　塞

电缆泵送桥塞+分簇射孔联作分段压裂工艺是页岩气储层改造的主流技术，而桥塞工具是该工艺技术的关键环节之一。桥塞在压裂中起到了分层/段的作用，具有施工工序少、周期短、卡封位置准确的特点，页岩气常用的桥塞主要分为可钻复合桥塞、大通径桥塞和可溶桥塞三类。

一、可钻复合桥塞

可钻复合桥塞主要由上接头、可钻卡瓦、复合锥体、复合片、组合密封系统及下接头等部件组成（图5-4）。其上接头连接在桥塞投送器底部，并由销钉固定，投送工具通过地面泵车管柱内打压，投送器推动坐封压环，剪断销钉，压缩胶筒，上卡瓦、下卡瓦沿锥体锥面上行，锚定住套管壁，卡瓦牙单向锚定，不影响胶筒下行，胶筒贴紧套管壁完成密封井筒，上卡瓦防止上锥体上行，下卡瓦防止下锥体下行，坐封完成后卡瓦锁紧，防止胶筒回缩。坐封完成后继续打压，剪断桥塞上接头与桥塞投送器连接处剪钉，脱开复合桥塞；上提管柱无卡阻则丢开成功。随后进行压裂施工作业，后期生产时需要运用连续油管进行钻磨桥塞作业。钻磨过程受连续油管长度限制，且钻磨过程需耗费一定时长，并存在一定的安全风险。

图5-4　可钻复合桥塞示意图

1—上接头；2—可钻卡瓦；3—复合锥体；4—复合片；5—组合胶筒；6—下接头

目前，国外的斯伦贝谢、哈里伯顿等大型油服公司系列产品均已实现商业化应用，产品参数见表5-1。

表5-1　部分国际服务公司可钻复合桥塞产品参数表

公司	产品	适用套管（mm）	套管内径（mm）	最大外径（mm）	最小内径（mm）	压力等级（MPa）	温度等级（℃）
贝克休斯	Gen Frac	139.7	112.9~118.1	104.9	19.1	70	177
哈里伯顿	FRAC	139.7	111.1~121.3	105.4	25.4	70	200
斯伦贝谢	Diamondback	139.7	114.3~118.6	106.8	28.9	70	177
Magnum		139.7	112.9~118.1	104.8		68.8	149
Obsidian		139.7	114.3~118.6	111		68.9	104

在压裂施工完成后，用连续油管或者油管下入磨鞋，常用的工具串包括磨鞋、马达、震击器、循环阀、丢手、单流阀等（图5-5）。在实际磨铣过程中，需优化钻磨施工参数及液体性能，钻磨加压控制，以及优选管柱、工具性能和尺寸，避免出现砂卡、磨穿套管或无进尺情况。应尽量缓慢钻进，保证钻屑细小，便于循环，防止卡钻；并控制钻磨过程中的回压。水平段携砂流速要求高，即需要大排量，而螺杆马达的排量是定值，所以要从便于携砂角度考虑选择油嘴；如果回压过小，地层可能会出砂。待桥塞钻完后即可进行返排求产。

图5-5　连续油管钻磨桥塞工具串组合

1—单流阀；2—丢手；3—循环阀；4—震击器；5—马达；6—磨鞋

二、大通径桥塞

大通径桥塞主要由上接头、复合片、组合胶筒、锥体、卡瓦和下接头等部件组成（图5-6）。工作时通过坐封工具压缩卡瓦、锥体沿轴向移动，促使组合胶筒膨胀与套管内壁接触，当坐封力达到一定程度后完成丢手，压裂时投入配套可溶性压裂球进行现场作业。

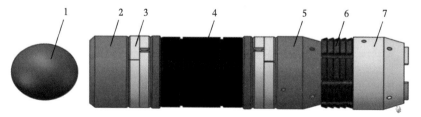

图5-6　大通径桥塞示意图

1—可溶性球；2—上接头；3—复合片；4—组合胶筒；5—锥体；6—卡瓦；7—下接头

免钻型大通径桥塞与传统复合桥塞相比，其显著特点是内通径较大。传统复合桥塞内通径较小，容易阻挡井筒中油气的返排，尤其当地层出砂以后，支撑剂会在节流处堆积，严重影响油气产出，故需要将其钻除；而大通径桥塞壁厚较薄，内通径较大，允许油气从其内通径中流过，节流作用不明显，对流体产出的影响较小，不需要钻除作业。用大通径桥塞来代替复合桥塞，能够节省钻磨作业的费用，也能避免钻磨作业所带来的种种问题，随着页岩气勘探开发向深层、长水平段方向迈进，连续油管传输的磨铣工具作业井深已经不能满足需求，大通径桥塞则可以发挥重要作用。

美国的贝克休斯公司、Tryton 等服务公司研制出了商用的免钻型大通径桥塞。其中，贝克休斯公司于 2014 年发布 SHADOW 系列压裂桥塞。该型桥塞基于可膨胀管技术原理，主体采用金属材料，结构合理而紧凑，使用方便，可靠性高，并附有由受控电解金属（CEM）纳米结构材料制成的可溶解 IN-Tall 压裂球。桥塞适配了 4.5in 和 5.5in 两种尺寸的套管，最大外径为 89.7~111.25mm，最大内径为 50.8~69.9mm，承压 69MPa，耐温 38~177℃。

三、可溶桥塞

页岩气压裂规模应用以来，压裂过程中出现了很多新问题，而且从页岩气开发全生命周期来看，为了后续的测试、生产、重复压裂等工艺，压裂后需要一个干净完整的井筒。可溶桥塞分段压裂技术在压裂时提供稳定的段间封隔，压裂完成后无需钻磨桥塞，仅依靠井筒内温度及液体环境即可实现完全溶解，保证井筒全通径，为后期生产测试提供有利条件。

可溶性桥塞主要由桥塞基体、锚定机构及密封件三部分组成（图 5-7），桥塞基体由高强度可溶材料制成，包括中心管、锥体、保护环及接头等。锚定机构采用可溶材料作为载体，表面经过合金粉粒、合金颗粒或陶瓷颗粒处理。密封件为可溶性橡胶或塑料。可溶桥塞的锚定卡瓦有异于常见的铸铁卡瓦和复合材料卡瓦，除了需要提供可靠的套管锚定力和胶筒锁紧力之外，还必须具备良好的溶解性能及返排能力。

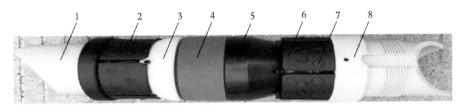

图 5-7　可溶桥塞示意图

1—上接头；2—上卡瓦；3—上锥体；4—胶筒；5—下锥体；6—下卡瓦；7—卡瓦牙；8—下接头

国外多个技术服务公司和厂家已成功研制了相应的可溶桥塞、比如哈利伯顿公司的 ILLUSION 可溶桥塞、贝克公司的 SPECTRE 可溶桥塞及斯伦贝谢公司的 INFINITY 系统等。ILLUSION 可溶桥塞主体材料是采用了可溶解的金属与橡胶材料，结合了压裂桥塞的设计方案，提升了强度和封堵性能，并能够在井内逐步自动溶解，适用于 5.5in 的套管，套管内径 118.6~124.3mm，桥塞外径 111.0mm，最小内径 33.0mm，承压 70MPa。SPECTRE 可溶桥塞采用的是高强度可控纳米结构电解金属材料，在井内温度和液体环境作用下可逐渐完全降解，包括桥塞本体、卡瓦系统以及密封部件，适用于 5.5in 的套管，套管内径 118.6~121.3mm，桥塞外径 111.1mm，最小内径 54.7mm，承压 70MPa。INFINITY 系统则是采用可降解、溶解的合金压裂球和球座代替桥塞来进行压裂层位封堵，适用于 5.5in 的套管，球座外径 119.3mm，最小内径 83.8mm，承压 56MPa。

第三节　压裂装备

压裂装备是实施压裂施工改造的核心设备，其技术性能的高低，直接关系到压裂施工的成败与改造的效果。2000 年以后，随着水平井钻井和水平井压裂技术的进步，美国页岩气实现了经济有效开发，为了大幅提高压裂设备的利用率，减少设备动迁和安装，提高压裂施工速度、缩短投产周期、降低作业成本，水平井工厂化压裂应运而生。与常规压裂施工不同，页岩气水平井分段压裂具有"三大两低一小"（大排量、大液量、大砂量、低黏度液体、低砂液比、小粒径支撑剂组合）的技术特点，给压裂泵车、连续混配系统、连续供砂系统、连续供水系统及其他保障系统带来了巨大挑战和变革。

国外对压裂设备的研制已经有多年的历史，其中美国压裂设备的性能和技术水平居于世界领先地位。美国是世界上主要生产压裂装备的国家，有哈里伯顿公司、西方公司、S&S 公司等；加拿大有皇冠公司，法国有道威尔公司。

一、压裂泵车

北美能够提供压裂泵车的成套技术装备，包括底盘卡车、动力机、传动系统及压裂泵等，形成了电力、液压、柴油机或燃气轮机等多种动力驱动形式的系列产品。美国在汽车制造等基础工业方面很发达，技术也很先进，因此，压裂装备制造厂商对底盘卡车的选择范围比较广泛，可以直接选用肯沃斯、万国、马克等载重卡车。美国有适合压裂设备用的大功率高速柴油机，如卡特彼勒、底特律、康明斯等知名品牌。同一功率等级的柴油机中，底特律柴油机体积小、质量轻，更适合车装。这些柴油机均能够方便的与性能良好的阿里逊传动箱相连接。卡特彼勒公司和底特律公司相继开发了电喷柴油机，更加适合车装，噪声低，能耗小，废气排放均达到欧Ⅱ以上标准。对于国外的压裂泵车制造厂商而言，设计制造或选择合适的传动系统及压裂泵才是其产品发展的重点。

美国压裂设备主要依据压裂施工工艺研制。北美页岩气开发区块道路平坦，油田道路通过性良好，且北美页岩气施工作业中压力较低，压裂车主要以 2000 型为主，多采用拖车结构，最高作业压裂机型以 2300 型压裂车为主。近年来压裂泵（车）在向高压力、大排量、性能可靠，操作方便，工作平稳，结构紧凑的方向发展。2012 年，贝克休斯公司开发了 GorillaTM 重型压裂泵，适应高温高压大排量作业，压裂泵引擎功率 2205kW，可提供的功率为 1984.5kW，最大排量可达 4.9m³/min，最高工作压力 137.9MPa。2013 年，贝克休斯公司开发出 RhinoTM 双燃料引擎驱动压裂车，可完全使用柴油或者天然气做燃料，也可使用柴油与天然气混合物作为燃料，大幅降低了压裂作业时污染物的排放量。

北美也在研发应用电机驱动的压裂泵车，2014 年，在西弗吉尼亚州的马塞勒斯页岩压裂中第一次全部使用以天然气为燃料的电动压裂车组（图 5-8）。传统柴油泵车由超过二十个大型柴油动力发动机组成，单台输出功率达到 2500（HHP），而电动泵车则去除了所有的柴油发动机，主要由天然气燃料及压缩设备、发电设备、配电设备和增产设备组成，与柴油泵车相比，具有显著的成本优势和环保优势。

图 5-8　西弗吉尼亚州电动压裂车组施工现场

1. 天然气燃料

电动泵车完全由现场天然气燃料供应，天然气热值选择标准是由沃泊指数来表征。

2. 天然气压缩设备

3 台大型压缩机可以将天然气压力提升到涡轮发动机要求的 300psi 恒定值。天然气被压缩后，过滤装置对其进行过滤以及加热，防止天然气燃料进入涡轮前脱落（图 5-9、图 5-10）。

图 5-9　涡轮的气体压缩机

图 5-10　天然气过滤和加热装置

3. 发电设备

　　泵车给三个移动天然气燃料涡轮发动机提供天然气燃料来发电（图 5-11）。每台发电机产生 5.67MWe 的三相输出功率为 13800V，在 ISO 条件下共 17.01MW。每个移动动力单元由两辆拖车组成。涡轮发动机和发电机在第一辆拖车上，而电气设备室在另一辆拖车上。电气设备室拥有一个辅助台式计算机、开关设备、二氧化碳灭火系统和电机控制中心。拖车的移动动力单元可比传统发电机的移动速度更快。

图 5-11　装有天然气过滤装置的移动式涡轮发电机

4. 配电设备

涡轮产生的电力通过一组开关柜（三个开关柜为一组）分配电力，提供断路器，并在设备中建立接地故障检测等安全措施（图 5-12）。

图 5-12 电动压裂车组接电装置

5. 电动压裂装置

电动压裂车组类似于传统车组，只不过将传统柴油发动机和变速器用电机和变频驱动器（VFD）替代。该电动机是专门为油田作业而设计的，使用更多的铜和增加冷却装置防止电动机过热，从而达到保护并延长其使用寿命的作用。

电动车组有 8 辆双水力压裂泵拖车，都在 600V 的功率下运行。每台发动机额定功率为 3500hp，总功率为 28000hp。双水力压裂泵装置有两个独立的三缸泵（图 5-13）。在传统的

图 5-13 双水力压裂泵拖车

柴油动力装置上，鹅颈上通常有一个大型散热器。在电动泵装置上，大型散热器被移除，取而代之的是一个装有两个独立 VFD 的房间。每个泵可以单独运行，也可以同时运行。

二、连续混配与混砂系统

连续混配车，由液体添加剂车、液体瓜尔胶罐车、化学剂运输车、酸运输车等辅助设备构成。混配车将减阻剂及其他液体添加剂稀释溶解成压裂液，其他辅助设备把压裂液所需各种化学药剂泵送到搅拌罐中，液体混配能力可达 $8m^3/min$。

国外制造混砂车的专业厂商很多，主要集中在北美地区。早期的混砂车多用装载汽车发动机作动力，现在的混砂车多用单独的动力驱动主机。因为以汽车发动机作动力的混砂车，功率有限，传动系统复杂，故障率比较高，不能够满足高压、大排量、多功能压裂施工的工艺技术要求。

随着复杂油气藏、低渗透油田、非常规油气层的开发及压裂工艺技术的不断发展及完善，对压裂混砂车的技术性能提出了更高的要求，具有个性特色的混砂车已经频频问世（图 5-14）。加拿大皇冠公司生产的混砂车采用的是在 $0.3m^3$ 的混合罐内混合后直接排出，将搅拌和排出合二为一，省去了一个排出泵，由于混合罐上部设有控制砂子流入的闸板，使加砂浓度在低端可以实现任意控制，且密度计的实测信号又参与对加砂浓度的控制，这样就能够真正实现对混砂车加砂浓度的精确控制，这也是与传统的混砂设备的不同之处，但是它的搅拌叶轮的正常设计寿命只有 2340t 的加砂量。混砂车排量可达 $20m^3/min$，支撑剂输送能力为 $73\sim9072kg/min$，能够满足水平井工厂化压裂。在许多页岩气井压裂改造中，通常采用两套独立的高压管线流程连接，一套高压流程用于泵注携砂液，另一套则用来泵注纯液体（不含支撑剂）。采用这种方式连接，只有少数泵泵注携砂液，这样就减少了受携砂液打磨影响的泵车数量。假设施工人员希望泵送的排量 $16m^3$ 满足水平井，砂浓度为 $100kg/m^3$ 的携砂液，对于传统的非分流连接方式，需要 16 台泵车每台提供 $1m^3$，而对于新的分流并联连接方式，则需要 10 台泵车每车 $1m^3$ 的分排量泵送砂浓度为 $160kg/m^3$ 的携砂液，再使用 6 台 $1m^3$ 排量的泵车泵送不含支撑剂的纯液体。

图 5-14　混砂装置

与压裂泵车一样，混配和混砂系统除了传统的柴油燃料装置外，也研发出了电动装置。在传统的装置上，柴油发动机驱动液压系统来控制搅拌桨、泵和其他辅助设备。在电力单元上，柴油发动机被一个电动机取代，但液压回路本身保持不变。从水化装置流出的液体进入电动拖车上的搅拌机。这款电动搅拌机（图5-15）将用于压裂施工的携砂液混合，并向电动泵充电。每台搅拌机都装有两个甲板上安装的电动马达。一个电动机驱动液压驱动系统，另一个电动机驱动排放泵。就像水化装置一样，电动搅拌机的液压系统与传统的柴油动力搅拌机非常相似。

图5-15　电动搅拌机拖车

三、供液与供砂系统

供液系统由水源、供水泵、水管线、污水处理器等构成。由于页岩气工厂化压裂用水量巨大，而且施工排量高，需要将周围河流或湖泊的水抽送到井场附近的大水池里。对于多个丛式井组压裂，可以利用管线将返排液输送到压裂井场水池中，经过处理后重复利用（图5-16）。

图5-16　液体供应及循环处理操作

水力压裂施工需要同时储存大量支撑剂，支撑剂的输送移动过程中需要强力的后勤保障，支撑剂存储总容量通常是有限的，填充容器通常需要较长时间，所以问题在于以极高速度补充支撑剂。对于页岩气水平井多段压裂，通常需要庞大的支撑剂用量，每段压裂需要 100~300t 的用量，一个平台在一定的周期内可能压裂 100~300 段，巨大消耗下支撑剂的持续补充是个难题。在 20 世纪 70 年代末 80 年代初，在混砂车附近位置使用立式箱存储支撑剂，后来设计出有轮子的装有传输带系统的水平料仓。随着加砂量的增大，必须减少储砂装置的占地面积，于是人们设计了可行走的直立的立式筒仓，这些筒仓常被称为"砂堡"。这些筒仓不是用来将支撑剂搬运到指定地点（因为填满支撑剂后就不符合道路法规）的，而是用来在井场存储支撑剂并将支撑剂从容器中输送到搅拌机或混合设备中。

如今，页岩气现场供砂常分为筒仓和砂罐两种方式，筒仓运送便捷、存储量大、井场占用面积小，单个容量可达 150~280t，通常一组 6 个可装载 1680t 支撑剂。单独的筒仓被运送到井场，并使用独特的安装拖车将筒仓提升到垂直位置，无需起重机。主要适用于多井压裂平台、支撑剂需求量大的偏远地区。筒仓可以通过气动方式或输送机装载，气动加载通常适应多辆卡车，可以提高卸载率，但与传送带相比，可能导致更长时间的二氧化硅粉尘扩散。重力卸载系统卸载卡车不使用气动，先进的驱动式输送系统快速卸载多辆卡车，并通过一个旋转的卸砂槽将砂转移到筒仓，从而对多个筒仓进行顶部填充。这些铰接式输送系统通过在筒仓之间快速旋转达到加速装载效果。与气动系统相比，封闭的输送机可更有效规避产生二氧化硅粉尘的产生。砂罐增强了机动性和灵活性，适用于单井、小井场和道路不适宜筒仓运输的井场。与气动系统相比，全密封输送系统可以减少 90% 的二氧化硅粉尘排放。在水力压裂作业中，砂罐中的支撑剂随着传送带运送到混砂车，然后泵入井底（图 5-17）。

图 5-17　筒仓和传送带

四、其他配套系统

在传统的压裂作业中，施工队伍通常只需要针对一口井的压裂进行设备摆放，但页岩气井压裂为了提高效率，降低作业成本，单井压裂方案是不可行的，故采用工厂化压裂方式实施组织，这也要求从一口井到另一口井的转换是快速、直接、高效的。

1. 流体输送管汇台

流体传输管汇台是预先组装成可拖动的流体传输设备，通过拖车运输到现场目的位置，这就简化了管线连接程序，每个泵只需连接高压和低压两个通道。低压通道采用软管连接，提供压裂液的吸入；高压通道采用高压管材连接到管汇台，泵注高压液体进入井筒和地层，在高压管中心内，只需连接一个锤头接头，而且高压管段在运输时都可以折叠到设备中，非常快速、便捷（图5-18）。

图5-18 流体输送管汇台

2. 井口快连设备

井口快连装置使用液压驱动的耦合器，从一口井移动到下一口井只需要几分钟，可承受 16m³/min 的泵注排量、105MPa 的泵注压力，主要特点是只有一条处理线，通过一个远程液压连接器连接到井口，井口适配器与电缆装置兼容，无需昂贵而复杂的"拉链式"管汇，消除了压裂井口多次锤击连接和吊车高空作业，使井场作业更安全、更高效（图5-19）。传统作业中，2口井使用 16m³/min 泵注排量，需要 170 次连接，且有 12 次的高空连接，而这种快速连接井口只需要 36 次连接，且没有高空作业。

图5-19 快速井口连接现场作业图

第六章　压裂设计与施工规模参数

本章介绍了北美页岩气压裂设计理念、地质工程一体化压裂设计流程及裂缝诊断注入测试、压裂材料优选和压裂泵注程序等，给出了北美地区页岩气水平井段长度、压裂段长和段数、簇数、施工排量、规模和液量等压裂施工参数的变化趋势。

第一节　压裂设计理念

图 6-1 是常规、致密和非常规储层基质渗透率范围，通常页岩气储层的渗透率多分布在 $10^{-4} \sim 10^{-3}$ mD，决定了在基质中气体渗流距离很短，只有通过压裂形成复杂的人工裂缝网络，才能使天然气通过人工裂缝开采出来。

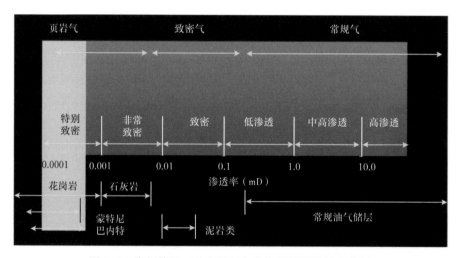

图 6-1　常规储层、致密储层和非常规储层渗透率范围

页岩气压裂设计要求尽可能增加人工裂缝和储层的接触面积，同时人工裂缝和井筒之间实现更好的连通，压裂设计理念的关键点为：

（1）在每个压裂段，如何让每簇都能起裂延伸并形成人工裂缝：

①选好压裂射孔簇的位置；

②射孔的簇间距要有利形成最优的复杂人工裂缝；

③根据设计的排量优化射孔的数量；

④施工期间尽可能使每个簇都形成裂缝。

（2）在同一个平台和井组内，如何控制裂缝扩展并形成最优的裂缝网络，保持人工复杂裂缝和天然裂缝网络的连通性。需要考虑：

①优化排量和加砂量；

②优化平台的井间距；

③脆性页岩和塑性页岩的厚度；

④如何避免压窜；

⑤天然裂缝的产状、位置、张开程度等；

⑥地质性灾害或储层边界的干扰。

页岩气现代压裂设计通常指水平井压裂大规模应用于页岩气开发后，随着技术进步逐渐形成的压裂设计方法。自 2010 年以来，页岩气水平井压裂经历了三次技术升级，表 6-1 为美国页岩油气三代压裂技术对比。在此期间，一些国际石油服务公司斯伦贝谢、哈里伯顿、BHI 等逐渐形成了地质工程一体化的非常规压裂设计理念。图 6-2 是斯伦贝谢公司地质工程一体化设计流程，从最初的地质研究、盆地模拟到钻井、储层评估、压裂等各个环节紧密相连，从而最大限度地认识储层，提高页岩气储层的压裂开发效果。地质工程一体化压裂设计理念，使得压裂与井层特征紧密结合，已经成为流程化的设计。

表 6-1　美国页岩油气三代压裂技术对比表

指标	第一代	第二代	第三代
形成时间	2010—2013 年	2014—2015 年	2016 年至今
水平段长	1500m	2100m	3000~5000m
钻井周期	30d	15~20d	5~10d
压裂段数/长度	8~16 段/(90m)	20~26 段/(75m)	50~80 段/(60m)
每段簇数	1~3	6~9	12~15，15 簇以上
每天压裂段数	4~6	8~12	12~18
支撑剂	1.49~2.23t/m (20/40 目)	3.0t/m (40/70 目)	4.47t/m 以上 (100 目压裂砂)
液体类型	复合压裂液	滑溜水压裂液	滑溜水压裂液、变黏滑溜水
压裂评价	微地震	三维示踪剂	三维示踪剂

图 6-2　斯伦贝谢公司一体化设计流程

第二节 压裂优化设计

一、地质工程一体化压裂设计

以斯伦贝谢公司的 Mangrove 一体化设计流程为例，介绍页岩气地质工程一体化压裂设计。

1. 储层建模

储层模型的流程输入通常来自地质、地震、岩心、测井、录井及工程设计资料。地质师、岩石物理学家和工程师整理、合成并解释这些资料，然后将其结合在统一的三维地质模型中。资料综合与显示在 Petrel 软件的勘探与油气藏软件平台上完成。图 6-3 为模型输出结果，这种地质模型提供了地质离散裂缝网络（DFN）和地质力学模型的基础，而地质力学模型是完井技术软件、水力压裂模型及在 Mangrove 流程中可用的压裂模拟、产量预测模拟器的输入。

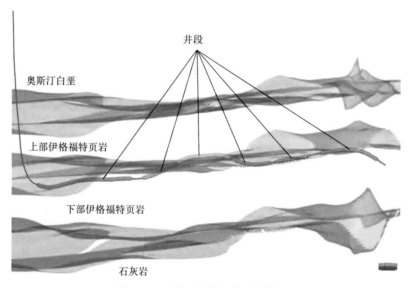

图 6-3 三维地质模型输出结果图

2. 完井和压裂模型

工程师使用完井软件为储层分配储层质量和完井质量等级。储层质量是对岩石产出油气的倾向性进行预测。完井质量是水力裂缝对储层增产效果的预测。储层质量和完井质量通常根据储层的下限标准，得到优或差的二元分值，然后将二元分值结合在复合分值中，根据复合分值将井段从优到差进行分级，以便布置各段的压裂段和射孔簇。图 6-4 是储层质量和完井质量评价结果图，最佳位置有优良的储层质量和完井质量等级，这意味着储层应该是可以压裂和生产的。完井软件可以将品质相似的井段归入同一压裂段，以促进最有效的多级处理。完井软件能够进行综合操作（如最大处理段间距或最小和最大的射孔段）及结构约束（如断层位置，射孔簇与这些断层的距离等）。

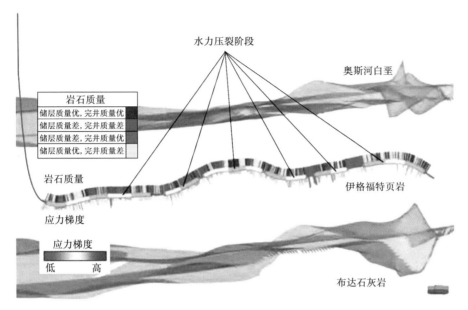

图 6-4　储层质量和完井质量评价结果图

3. 裂缝模拟和微地震监测

确定了分段和射孔簇的位置后，压裂工程师利用水力压裂模拟软件进行增产方案设计。通常采用非常规裂缝模型进行模拟，该模型是一种可以从工业开发过程中获取的复杂水力裂缝模型，它结合了裂缝间的相互作用。这种模型能够模拟天然裂缝和地质力学特性对水力裂缝的扩展的影响，并可以预测多分支水力裂缝的延伸、缝内的流体流动和支撑剂运移。水力裂缝的扩展受储层的岩石结构和地质力学特征、原有裂缝网络、主导应力量级和各向异性的控制。随着水力裂缝网络的扩展，当各裂缝表面受压、被压开或受支撑时，水力裂缝网络会扰动应力场。压裂工程师可以利用非常规裂缝模型进行水力裂缝网络设计，优化井的产能。

裂缝模拟结果如图 6-5 所示，压裂工程师通过对岩石质量综合分数和最小水平应力梯

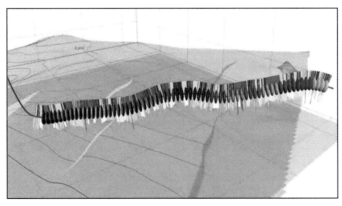

图 6-5　一体化软件压裂模拟结果

度的分析，确定了各压裂段的位置和长度，以及各射孔簇的展布，最佳设计方案是所有射孔簇在大致相同的压力下起裂并使裂缝延伸。

压裂工程师利用非常规裂缝模型进行初步设计，结果必须在水力压裂期间进行标定。一体化设计流程都能够处理水力裂缝延伸引起的微地震监测结果，以校正预测模型。地球物理学家处理微地震数据，确定水力压裂引起的微地震事件。为了提高事件位置的精度和准确性，地质师再次调整地质模型，然后这些调整将被用于更新水力裂缝模拟的地质力学模型和离散裂缝网络模型。

4. 压裂设计

裂缝模拟完成后，形成压裂完井汇总。以马塞勒斯页岩 3 口水平井为例，压裂设计结果见表 6-2，A 井通过常规压裂设计方法完井，B 井和 C 井采用一体化的工程设计方法完井。虽然采用了定制的完井方案进行优化，但一些完井参数保持不变，如压裂液、支撑剂类型和粒径、泵注排量，并保持了类似的压裂段数和单位水平段长度上的支撑剂量。一体化设计不可避免地造成了压裂段长度不同、射孔簇间距不同等情况。

表 6-2 常规压裂设计和一体化压裂设计结果对比表

井号	完井设计	流体	支撑剂粒径 （目）	水平井段 长度 （ft）	段数	平均段长 （ft）	每段 簇数	每英尺 支撑剂量 （lb/ft）	排量 （bbl/min）
A	常规	滑溜水	40/70	5312	18	295	3.0	1650	90
B	一体化	滑溜水	40/70	4528	20	226	3.7	1585	90
C	一体化	滑溜水	40/70	4998	20	250	3.9	1675	90

5. 产量预测与分析

水力压裂完成前后，生产工程师利用气藏模型来预测效果和分析产能。一体化设计流程提供从数据输入到模型更新的分析。在该过程中，地质数据和现场工程设计是建立储层模型的重要来源，工程师将增产设计输入储层模拟器中以预测产量。

产量分析过程中，需结合微地震监测，对一体化流程步骤进行校正，这种校正来自精确定位的微地震事件，并将这些位置与预测的水力裂缝扩展相对比。微地震事件的位置可能帮助系统估算有效的压裂体积，然后将体积数据用于调整后续的压裂完井设计中。另外，要取得精确的微地震事件位置，地质师需要进行地震速度反演，并在这个过程中调整储层段地质模型和岩石力学模型，经过调整的模型可以用于更新水力裂缝扩展预测和储层的产量预测，以及压裂后的产量分析。

页岩气的压裂设计既要考虑其地质条件，又要从压裂优化设计中去做工作，在地质工程一体化设计平台基础上，压裂工程师在页岩可压性、应力大小及分布、合理布孔、参数优化设计等方面做了更加细致的研究工作，优化页岩气的地质"甜点"和工程甜点，形成了针对不同区域页岩气的优化设计方法。

二、裂缝诊断注入测试

页岩气由于其极低的渗透率，一般情况下为了获得测试数据，页岩气井必须通过微型的压裂作业将地层压开才能得到流体流量。即使如此，仍然需要很长的最小关井时间才能获得地层的径向流。为了解决这一问题，不同类型的测试方法应运而生，如地层钻杆测试、重复地层测试和组装容器动态测试等。套管井的测试方法有段塞流测试、微压裂测试、裂缝诊断注入测试、射孔入流测试等。这些测试方法的共同特点是注入时间短，关井时间也不是很长。

近年来，应用水平井多段压裂技术时对压裂设计参数要求进一步提高，对裂缝诊断注入测试的压力数据的分析研究尤其丰富，方法应用也比较广泛和成熟。

1. 微压裂裂缝诊断注入测试方法

微压裂裂缝诊断注入测试是在正式压裂作业之前（有时是在压裂作业过程中）进行的注入测试。该测试通过注入少量流体以在井筒附近产生微小裂缝为目的。获取关井后的压力降落数据；通过分析压力降落数据获得压裂设计所需要的有关参数值，主要包括地层的最小地应力、地层的传导能力（Kh/μ）和原始地层压力等。

一般来说，实际作业时有以下步骤：

（1）压力测量设备与井口套管阀连接，以测量微压裂时的压力变化值；

（2）射孔作业准备，如分隔非目的层等；

（3）目的层射孔作业；

（4）微压裂作业，以低排量注入流体，排量一般小于 $0.5\mathrm{m^3/min}$；

（5）压开地层后立刻计量注入流体总量，同时降低排量；

（6）当注入总量达到设计值时，对于页岩储层注入总量一般宜小于 $2\mathrm{m^3}$，停止微压裂作业；

（7）根据设计要求关井。通常关井时间需要裂缝闭合时间的 3 倍以上；如渗透率 $0.001\mathrm{mD}$ 的地层，需要约 $24\mathrm{h}$ 的裂缝闭合时间，只有关井 $3\mathrm{d}$ 之后的历史数据才能进行利用分析；

（8）关井结束后，收集有关压力和注入量的数据，进行分析。

微压裂裂缝诊断注入测试过程的压力历史曲线如图 6-6 所示，测试历史可以分为 6 个

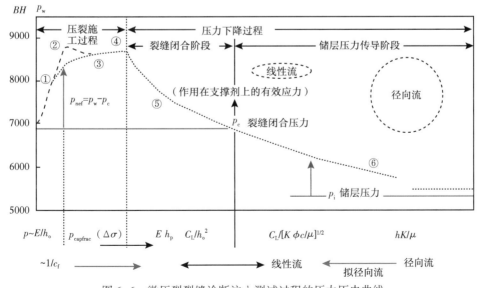

图 6-6 微压裂裂缝诊断注入测试过程的压力历史曲线

不同的时间点和 3 段不同的作业特征期。

6 个不同的时间点分别为：

（1）初始状态：井中充满清水或低黏度滑溜水，确保井筒内没有空气和天然气残留。开始泵注，井筒内流体被压缩，井口压力不断上升。对于页岩储层，这一时期如果有流体进入地层，其流入量也是很少的；

（2）地层破裂：此时井底压力达到地层破裂压力值，地层中形成裂缝并延伸；

（3）注入流体：地面继续注入流体，直到井口压力值平稳或变化很小；

（4）停泵：这一时刻的压力值即瞬时停泵压力值；

（5）关井测压降：这一压降历史将包括压裂裂缝闭合前后的历史，裂缝闭合时间由裂缝闭合诊断方法确定；

（6）裂缝闭合之后的拟线性流和拟径向流，拟径向流数据用来计算地层的传导能力和原始地层压力，拟线性流也可以求取地层压力。

三段不同作业特征期分别为：

（1）流体注入期（1~3 时间点）：这段作业特征反映了地层压开后裂缝的延伸和扩展。数据中除了流体的注入速率和井底压力外，还可以直接获取地层的破裂压力。分析数据可以获得压裂裂缝的延伸特征。

（2）压裂裂缝闭合期（4、5 时间点）：这段作业从停泵开始到地层中压裂的裂缝闭合时结束。停泵点的压力称为瞬时关井压力，裂缝闭合期结束的点称为裂缝闭合点，这两个压力是压裂设计中需要获取的重要参数。通过分析这段作业数据，还可以获得的参数有滤失系数、液体效率、裂缝的几何形态等。如图 6-7 所示，采用 G 函数分析曲线计算裂缝闭合压力、综合滤失系数和净压力等参数。

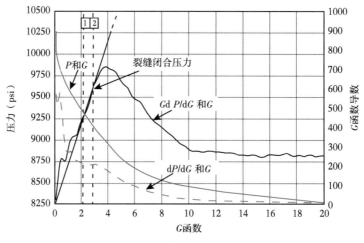

图 6-7 裂缝闭合期间的 G 函数分析曲线

（3）压裂裂缝闭合后期（6 时间点）：这段特征将主要反映裂缝及井筒附近地层的特征。因此，也是主要用来获取裂缝及地层有关性质参数的压力历史。通常将这段历史分成两个阶段：初期的拟线性流和后期的拟径向流。在页岩储层中，如果产生的裂缝较长，裂缝线性流之后也可能出现裂缝和地层的双线性流。通过分析拟线性流数据可以获得裂缝闭合时间和裂缝半长；而拟径向流历史反映了地层的渗透率及地层的原始压力。如图6-8和图6-9所示，采用压力与线性流函数曲线和压力与径向流函数曲线计算地层压力和地层传导系数等参数。

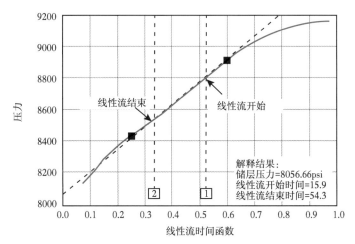

图 6-8　压力与线性流函数关系曲线

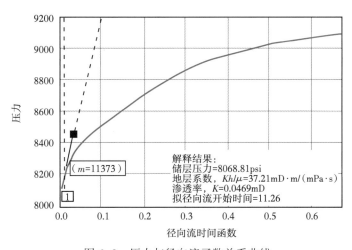

图 6-9　压力与径向流函数关系曲线

三、压裂材料优选

1. 压裂液优选

对于页岩储层压裂，目标是形成缝网，增加有效的改造体积，扩大泄流面积，提高产量。脆性页岩所用的压裂液黏度越低，越容易形成网状裂缝，黏度越高，越容易形成双翼裂缝。塑性页岩则适宜采用较高黏度的压裂液。

页岩气压裂的压裂液根据脆性指数和裂缝诊断注入测试结果进行优选和设计。表6-3是基于脆性分析结果的压裂液优选表，脆性指数大于60%的页岩优选滑溜水压裂液，脆性指数 40%~60% 的页岩优选复合压裂液。

表6-3　基于脆性分析结果的压裂液优选表

脆性	流体体系	裂缝几何性状	支撑剂浓度
80%	滑溜水	复杂裂缝	低
70%	滑溜水	复杂裂缝	低
60%	滑溜水	复杂裂缝	低
50%	线性胶	复杂裂缝/平面	中
40%	线性胶	复杂裂缝/平面	中
30%	冻胶	平面	高
20%	冻胶	平面	高
10%	冻胶	平面	高

图6-10是尤蒂卡页岩区4个平台的脆性指数图，其中MDU-1平台井脆性指数在45%~60%之间，该井大规模压裂作业优选的是滑溜水和交联液组成的复合压裂液体系，使用交联液提高加砂浓度和支撑剂的远端输送，最高砂浓度2~3μg/g。

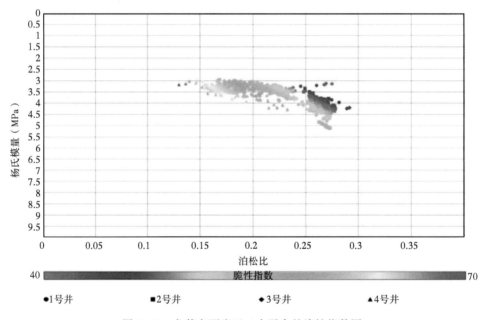

图6-10　尤蒂卡页岩区4个平台的脆性指数图

页岩气压裂液优选的另一个挑战是压裂液的基液组成，如清水或产出水。一般优先选择鲜水作为压裂液，如果储层黏土含量高，鲜水压裂液可能更容易造成黏土膨胀和运移，降低裂缝导流能力，进而影响产量。因此，为了验证水对储层的影响，通常使用毛细管吸水时间测试（Capillary Suction Test，CST）方法进行分析并优选压裂液体系。图6-11是CST值和水类型关系测试结果图，该方法的评价指标是，0~3为低伤害，3~5为中等伤害，5以上为严重伤害。将蒸馏水（DI）的值作为基准值，该实例中实验结果是7%的KCl水是最优的压裂液体系，现场实际应用的压裂液体系含有5%和10%的产出水。

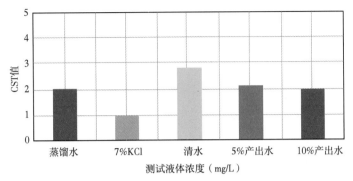

图 6-11　CST 值和水类型关系测试结果图

2. 支撑剂优选

支撑剂类型的选择依据主要是支撑剂承受的有效应力，以及在有效应力条件下支撑剂性能参数。在气井生产期间，作用在支撑剂上的有效应力是闭合应力（水平最小地应力）、井底流压和净压力的函数，有效应力等于闭合应力加上净压力减去井底流压。气井生产时储层压力会衰竭，井底流压也降低，因此，作用在支撑剂上的有效应力会增加，这是压裂工程师做设计时选择抗压强度较高的支撑剂的原因。图 6-12 是支撑剂类型优选和有效应力的关系图，随着闭合应力的增加，选择支撑剂由低强度逐渐增加到高强度。

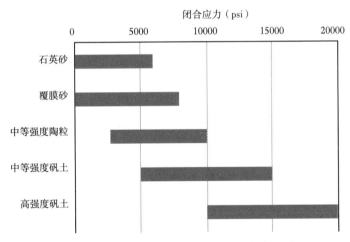

图 6-12　支撑剂类型优选和有效应力关系图

支撑剂尺寸的选择主要依赖于与排量和压裂液黏度有关的最小缝宽，通过计算岩石脆性而选择的压裂液类型，随着脆性的增加，裂缝形态变得更加复杂，缝宽变窄，因此页岩压裂支撑剂宜选用小粒径的支撑剂。

支撑剂密度的选择，在满足强度和尺寸的条件下，支撑剂密度越小越好。其主要原因之一是密度低利于携带，图 6-13 是不同密度支撑剂在裂缝内运移模拟结果，低密度支撑剂可以实现在缝内的合理铺置和远端输送；之二是对压裂液的黏度要求低，降低储层伤害。巴内特（Barnett）页岩应用最轻的支撑剂视密度仅为 $0.75g/cm^3$，低密度支撑剂在储层中铺置均匀且运移距离远，从而能形成更大的裂缝导流面积，增大裂缝长度及其导流能力，进而提高产量。巴内特（Barnett）页岩气藏使用超低密度支撑剂的井比使用常规石英砂井的平均产量增加 50%~100%。

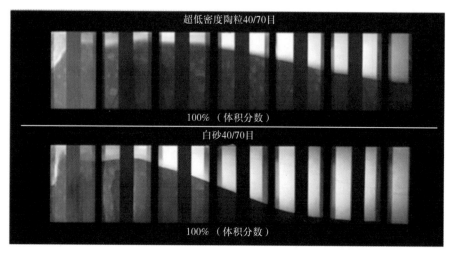

图 6-13　低密度支撑剂和常规石英砂缝内铺置模拟结果图

　　支撑剂铺置浓度的选择与压裂设计理念有关，通常根据压裂设计理念设计支撑剂量和铺置浓度。

　　裂缝诊断注入测试可以得到最小水平地应力值，图 6-14 是尤蒂卡页岩区某口井微注入的诊断曲线，该井闭合应力梯度值大于 0.9psi/ft，在此应力梯度下，应选择破碎率较低、抗压强度高的小粒径白砂作为支撑剂。

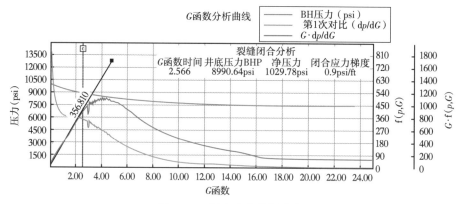

图 6-14　闭合应力分析曲线

3. 转向剂优选

　　暂堵转向技术在页岩气压裂有两个作用：一是在多簇射孔的压裂段中使用转向剂提高簇的起裂数量，或是转向剂进入裂缝中暂堵促进缝网的形成；二是用于页岩气井的重复压裂。转向剂的主要类型有岩盐、生物降解型、密封球、苯甲酸和颗粒型。页岩气压裂使用的转向剂通常是多粒径组合的颗粒型转向剂，图 6-15 是聚乳酸类颗粒转向剂实物图。这类转向剂有能够封堵不同形状的裂缝、低成本、可持续泵注、在预期时间内能够溶解和环境友好性等优点。

图 6-15　聚乳酸颗粒型转向剂

表6-4是颗粒转向剂的粒径分布和作用表，颗粒转向剂分粗粒径、中粒径、细粒径和极细粒径四种，粗粒径转向剂用于桥架形成封堵框架，细粒转向剂封堵桥架空隙降低渗透率。

表 6-4　颗粒颗粒转向剂的粒径分布和作用统计表

转向剂尺寸类型	作用	目数范围	粒径高值（mm）	粒径低值（mm）
粗粒径	封堵孔眼，张开的裂缝和孔洞	4~18	0.1870	0.0394
中粒径	在孔眼内封堵，在支撑裂缝内充填封堵	20~70	0.0331	0.0083
细粒径	封堵粗粒径、中粒径转向剂空隙，降低渗透率	100~200	0.0059	0.0029
极细粒径	进一步降低近井渗透率；缝内转向	270~400	0.0021	0.0015

现介绍颗粒转向剂优选步骤。

（1）根据储层条件和工艺要求，选择最合适的暂堵材料。

选择的原则包括：①在使用液体中的溶解度是有限的；②在产出液体中的溶解度；③合适的溶解度，在储层温度恢复或其他条件下能够溶解或降解。图 6-16 是聚乳酸类颗粒转向剂随时间的降解曲线。

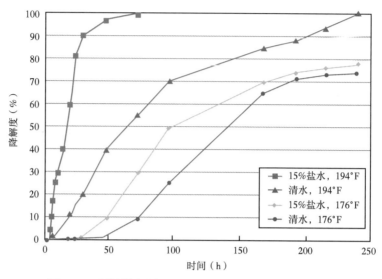

图 6-16 颗粒转向剂不同温度下随时间的降解变化曲线

（2）优选转向剂颗粒和尺寸分布。

通常，转向剂颗粒尺寸的分布范围越大越好，因为颗粒粒径分选差的比粒径分选好的颗粒的渗透率低，有利于粒间封堵。Saucier 和 Abrams 等针对水力压裂过程中使用不同粒径的支撑剂，提出了颗粒转向剂封堵的使用指导原则。简而言之，就是用同样尺寸的颗粒转向剂替代支撑剂，用更小尺寸的颗粒转向剂封堵大颗粒间的空隙。

优选的具体方法是，将不同粒径支撑剂尺寸的中值作为起点，应用上述原则确定粗粒径、中细粒径转向剂最优的尺寸，流程如图 6-17 所示。粗粒径转向剂在支撑剂上形成桥

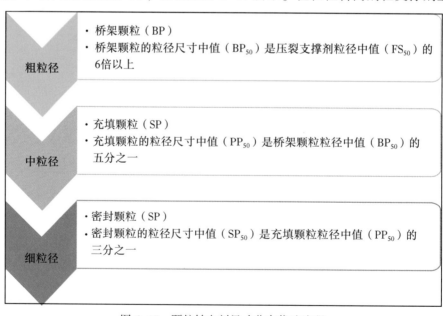

图 6-17 颗粒转向剂尺寸分布优选流程

架，其粒径中值应该是支撑剂粒径中值的 6 倍以上，例如使用 20/40 目石英砂作为支撑剂，粒径中值 FS50 是 0.589mm，那么颗粒转向剂的粒径中值应为 3.534mm。依据该流程可以给出不同支撑剂粒径对应使用颗粒转向剂的粒径，表 6-5 是针对不同支撑剂粒径尺寸推荐的转向剂粒径尺寸表。

表 6-5　转向剂粒径尺寸推荐表

支撑剂尺寸 目	桥架颗粒尺寸 目	充填颗粒尺寸 目	密封颗粒尺寸 目
20/40	5/6	20/25	50/60
30/50	7/8	30/35	80/100
40/70	10/12	40/45	100/120

（3）优化封堵段或孔眼的转向剂用量。

优化转向剂用量需要考虑三个因素：①输送转向剂的流体类型；②转向剂浓度和注入速率；③转向剂的总量。表 6-6 是 BJ 公司和哈里伯顿公司的传统转向剂用量指南统计表，这个指南一直被多家石油服务公司引用。

表 6-6　传统转向剂用量使用指南统计表

类型	应用范围	封堵孔眼	孔眼内封堵 lb/孔	裸眼储层 lb/ft²
岩盐	HCl 和非 HF 酸环境	16lb（1.0 lb/gal）	0.5~2.0	5.0
苯甲酸	油气井、注水井	9lb（0.5 lb/gal）	0.25~1.0	2.5
奈	仅油井	8lb（0.5 lb/gal）	0.25~1.0	2.5
蜡球	仅油井	—	0.25~0.5	1.0~2.0
油溶性树脂	仅油井	—	0.25~0.5	1.0~3.0
泡沫	高渗透率的气井	—	60.0~80.0	60.0~80.0
密封球	高密度球	≥200%	—	—
	中密度或漂浮球	≥50%	—	—

针对非常规水平井多段压裂暂堵，在威廉斯顿盆地有 6 家不同的作业公司总结出了颗粒转向剂的用量使用经验。转向剂用量的推荐范围是 0.20~4.10lb/孔；通常，裸眼完井转向剂用量比套管完井用量多 20%~35%。

四、压裂泵注程序

针对页岩气，其储层特征不同，所要求的压裂改造工艺技术也有区别。压裂改造工艺应根据页岩储层的岩性特征、脆性特征、敏感性特征、储层微观特征和压裂改造目的进行合理选择。施工排量、加砂浓度和施工压力等与地层的破裂及裂缝延伸压力有密切的关系。页岩气等非常规储层压裂和常规压裂设计对比见表 6-7，常规压裂以造双翼对称缝为目标，全程使用高黏度压裂液体系，裂缝沿最大主应力方向延伸。非常规压裂设计以缝网为目标。页岩气压裂以造缝网为目标，全程使用低黏度液体，高排量注入，克服地层复杂应力形成裂缝网络。图 6-18 是常规压裂和页岩气压裂裂缝形态模拟结果图。

表 6-7　非常规储层压裂与常规压裂设计对比表

项目	非常规压裂设计	常规压裂设计
压裂液	高黏度压裂液，降滤失，造主缝	低黏度或复合压裂液，沟通天然裂缝，造复杂的裂缝网络
射孔	小段射孔，单段，避免多裂缝	分段分簇射孔，造多裂缝和复杂缝网
缝间干扰	单段压裂，增大缝间距	同步或交错压裂，缩短缝间距，利用缝间干扰
粉陶	用量少	用量多
段塞	降阻，降滤失，封堵天然裂缝	支撑分支缝或微裂缝，随机封堵天然裂缝，促使裂缝转向
加砂模式	连续的高强度加砂	段塞式加砂、低—中浓度连续加砂
支撑剂	高砂比，高导流	小粒径、低砂比、低—中导流
排量	适度排量	大排量
暂堵	非必要	必要，提高簇开启程度，促进形成缝网
微地震	非必要	必要，实施监测调整泵注程序

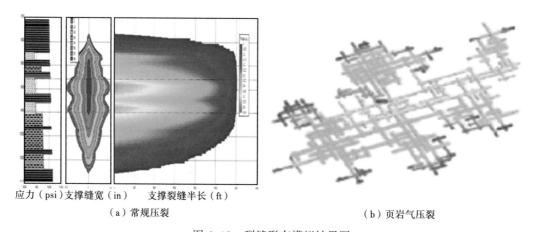

应力（psi）支撑缝宽（in）　支撑裂缝半长（ft）

（a）常规压裂　　　　　　　　　　（b）页岩气压裂

图 6-18　裂缝形态模拟结果图

页岩气压裂设计泵注程序要以实现压裂目标为主要原则，通常泵注程序中需要标明不同泵注阶段的液体类型、液体量、支撑剂量、支撑剂浓度、施工排量等。表 6-8 是费耶特维尔（Fayetteville）页岩气水平井单段压裂泵注程序表，泵注程序中有 16 个泵注阶段，液体类型包括 15%盐酸和滑溜水，液体总量是 301446gal，支撑剂总量是 318000lb，施工排量 75bbl/min。

表 6-8 费耶特维尔页岩气水平井压裂泵注程序表

阶段	描述	流体类型	液体净体积 gal	累计体积 gal	携砂液体积 bbl	支撑剂浓度 μg/g	支撑剂类型	支撑剂阶段用量 lb	支撑剂累计用量 lb	排量 bbl/min	时间 min
1	洗井	滑溜水	1000	1000	24					10	02:23
2	酸*	15% HCl	1500	2500	36					10	03:34
3	前置液	滑溜水	40000	42500	952					75	12:42
4	0.3#携砂液	滑溜水	20000	62500	483	0.30	100 目白砂	6000	6000	75	06:26
5	0.7#携砂液	滑溜水	27143	89643	667	0.70	100 目白砂	19000	25000	75	08:53
6	1#携砂液	滑溜水	29000	118643	722	1.00	100 目白砂	29000	54000	75	09:37
7	1.4#携砂液	滑溜水	25000	143643	633	1.40	100 目白砂	35000	89000	75	08:26
8	1.8#携砂液	滑溜水	21111	164754	544	1.80	100 目白砂	38000	127000	75	07:15
9	1#携砂液	滑溜水	38000	202754	946	1.00	40/70 目白砂	38000	165000	75	12:37
10	1.3#携砂液	滑溜水	29231	231985	737	1.30	40/70 目白砂	38000	203000	75	09:49
11	1.6#携砂液	滑溜水	20000	251985	511	1.60	40/70 目白砂	32000	235000	75	06:49
12	1.9#携砂液	滑溜水	13684	265669	354	1.90	40/70 目白砂	26000	261000	75	04:43
13	2.2#携砂液	滑溜水	8636	274305	226	2.20	40/70 目白砂	19000	280000	75	03:01
14	2.6#携砂液	滑溜水	7308	281613	194	2.60	40/70 目白砂	19000	299000	75	02:36
15	3#携砂液	滑溜水	6333	287946	171	3.00	40/70 目白砂	19000	318000	75	02:17
16	顶替	滑溜水	135	301446	321				318000	75	04:17
Total			288081		7521						1:45:25

阶段汇总	
液体	7177bbl
100 目	127000lb
40/70 目	191000lb
总量	318000lb

全井汇总	
液体	222496bbl
100 目白砂	3937000lb
40/70 目白砂	5921000lb
支撑剂总量	9858000lb

100 目砂占比　　39.90%

注：*仅在不易破裂时注酸；
可根据施工压力调整支撑剂浓度。

北美部分页岩气区已经形成了模式化的页岩气压裂设计指南，压裂工程师可以在不同页岩气区的压裂设计指南基础上优化页岩气压裂设计。表 6-9 是费耶特维尔页岩压裂设计指南，给出了不同水平段长的分段数，1400m 水平段长分 27 级，1600m 水平段长分 30 级，2300m 水平段长分 44 级；井眼轨迹方向与最小水平主应力方向基本一致；段长 60m；簇间距 10m；完井方式射孔+桥塞联作；支撑剂类型 100%白砂；压裂液体系 100%滑溜水；加砂强度 2.7~4.2t/m；最高砂浓度 360kg/m³；连续加砂方式。

表 6-9　弗耶特维尔页岩气水平井压裂设计指南

压裂设计				
设计要素		当前设计	BOCD_V2	设计理念
水平段走向	方位角	北—南或南—北	6.2.3.1	最大主应力东东北—西西南15°
完井技术	完井方式	分段完井	6.2.6.7	低风险、高效、低成本、重复作业
水力压裂要素				
射孔设计限流压裂	簇间距及单段射孔簇	簇间距35 ft，每段5簇	6.2.2 6.2.3.5、 6.2.6.2	增大压裂段数可降低簇间距，第一段为4簇
	孔眼直径	6 孔、0.37in	6.2.3.5 6.2.6.2	有效限流
	段数	4620ft 水平段，27 段 5200ft 水平段，30 段 7500ft 水平段，44 段	6.2.3.5	段间距175ft，4簇/段降低摩阻
支撑剂设计	支撑剂类型	白砂	6.2.3.5、 6.2.5 6.2.7	避免动态导流能力降低
	支撑剂强度	2000lb/ft	6.2.3.5 6.2.7	门登霍尔（Mendenhall）区块井的基本设计

第三节　压裂施工规模与参数

页岩气压裂工艺关键参数包括水平井段长度、压裂段数和段长、射孔簇数、施工排量、压裂液量、加砂量等参数。近年来，美国页岩气压裂强化了工艺参数，发展趋势为长水平井段，缩小了簇间距，大幅提高了加砂量。

一、水平井段长度

北美页岩油气井水平井段长度变化的历年统计数据如图 6-19 所示。水平井段长度越

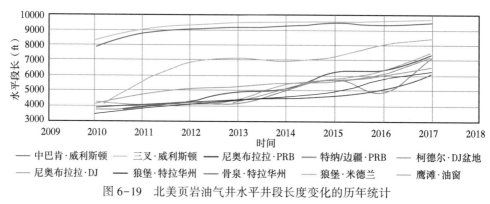

图 6-19　北美页岩油气井水平井段长度变化的历年统计

长，就越容易以较低的增量成本提高的页岩油气储层的接触面积。威利斯顿盆地的平均水平井段长度为 2mile，并且其他大多数盆地的平均水平井段长度也为 2mile 左右。2010 年 4 月，北达科他州制定了 1280area 钻井间隔单元（DSU）的标准，目的是将钻井占地面积限制在土地使用面积的 0.5% 左右。最近在威利斯顿盆地的一些地区，这个标准已经扩展到 1920area 的钻井间隔单元（DSU），进一步减少了地面钻井的占地面积。在美国其他州，这些要求没有那么严格，但是业界一直努力在可能的情况下钻更深的井，因为页岩油气井的经济性效益与较小的占地面积和钻井深度直接相关。

以路易斯安那州为例，图 6-20 是路易斯安那州和得克萨斯州海恩斯维尔页岩气田水平井段变化情况。由于相关部门的限制，2015 年之前，路易斯安那州和海恩斯维尔页岩气田的大部分钻井水平段长度均不超过 4500ft（1371m），而得克萨斯州和海恩斯维尔页岩气田水平段长度最高可达约 7500ft（2286m）。2015 年以后，路易斯安那州和得克萨斯州的海恩斯维尔页岩气田水平段长度主体可达到 7500~10000ft（2286~3048m）。总体而言，为取得更好的页岩气经济开采效果，水平井段长度是逐年提高的。

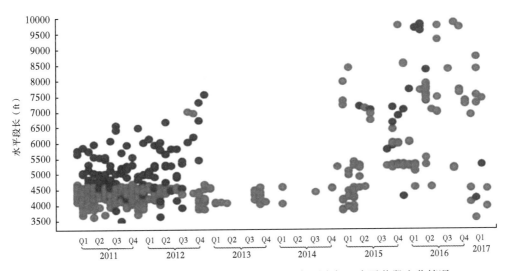

图 6-20　路易斯安那州和得克萨斯州海恩斯维尔页岩气田水平井段变化情况
（绿点为路易斯安那州，蓝点为得克萨斯州）

图 6-21 是费耶特维尔（Fayetteville）页岩气田水平段长度与页岩气产量关系图，自 2015 年到 2018 年，当费耶特维尔（页岩气田当水平段长度大于 1500m 时，随着水平段长度的增加，每口井的初始产量、30 日平均产量及 60 日平均产量均有较大幅度的提升。

二、压裂段长和段数

水平井压裂段数变化趋势如图 6-22 所示，压裂向更多的压裂段数和更短的压裂段长方向发展。平均单井的压裂段数增加到约 40 段，部分原因是水平井段长度增加，主要原因是由于更短的压裂段长所致。

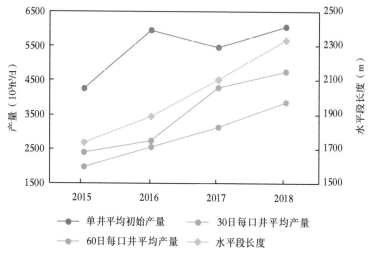

图 6-21 费耶特维尔页岩气田水平段长度与页岩气产量关系图

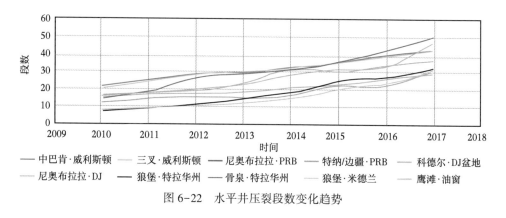

图 6-22 水平井压裂段数变化趋势

图 6-23 显示了海恩斯维尔页岩气压裂段长的变化趋势，在 2011 年，压裂段长变化范围集中在 76~122m；在 2016 年上半年，压裂段长变范围为 53~107m；从 2016 年下半年到 2017 年第一季度，压裂段长减少到 30~61m。

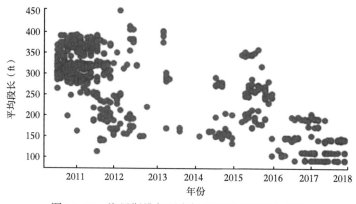

图 16-23 海恩斯维尔页岩气田压裂段长变化趋势

三、压裂簇数

由于超低基质渗透率，增加页岩气产量的有效方法之一就是增加水平井段射孔簇数，提高裂缝条数增加的概率。除趋向于更高支撑剂用量的完井方式外，开发商们还趋向于更短的簇间距。新一代完井技术已经延续了这一趋势，现在许多运营商正在尝试进一步降低簇间距，如图 6-24 所示，海恩斯维尔页岩气水平井簇间距从早期的 15~24m 减小到了 6~12m。

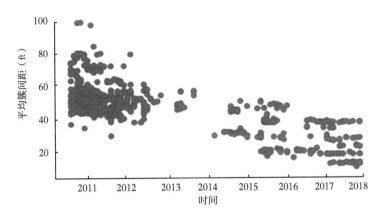

图 6-24　海恩斯维尔页岩气田射孔簇间距变化趋势

四、施工排量

北美页岩油气历年施工排量数据变化趋势图如图 6-25 所示，从 2010 年到 2017 年，单位长度的施工排量从 0.16bbl/（min·ft）增加到 0.42bbl/（min·ft），提高施工排量的主要目的是提高液体的效率、提高净压力、增加缝网的规模。

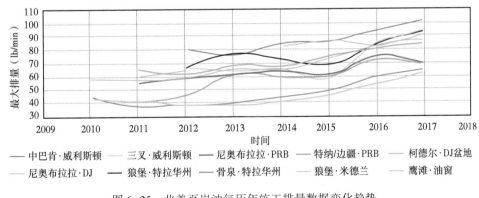

图 6-25　北美页岩油气历年施工排量数据变化趋势

五、压裂液和支撑剂规模

北美页岩油气压裂支撑剂用量和压裂液量历年数据变化趋势如图 6-26 和图 6-27 所示。支撑剂的用量逐渐增加，压裂液的用量也相应增加。根据 2010—2017 年间每英尺水平井段长压裂液量变化情况可知，压裂液量从 13bbl/ft 增加到 33bbl/ft，而支撑剂用量的平均值从大约 500lb/ft 增加到超过 1600lb/ft。

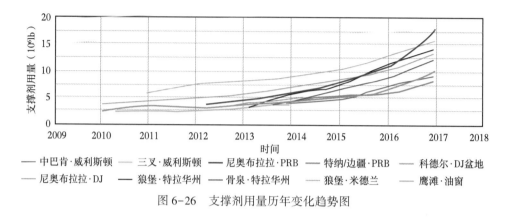

图 6-26　支撑剂用量历年变化趋势图

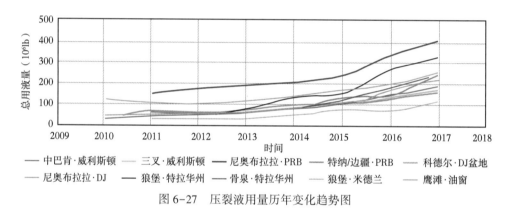

图 6-27　压裂液用量历年变化趋势图

图 6-28 和图 6-29 是海耶斯维利页岩气井每英尺支撑剂和压裂液用量统计图，2017 年以后，每英尺支撑剂和压裂液用量出现平缓趋势。

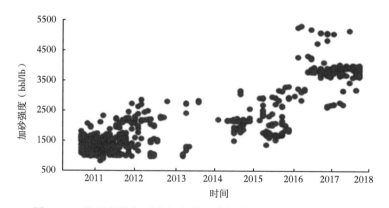

图 6-28　海恩斯维尔页岩气每英尺支撑剂用量历年变化散点图

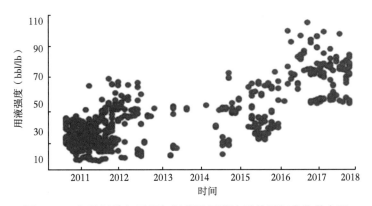

图 6-29 海恩斯维尔页岩气每英尺压裂液用量历年变化散点图

第七章 压裂裂缝监测

水力压裂中准确获得水力裂缝空间展布对优化压裂设计至关重要，裂缝监测技术是获得水力裂缝扩展规律的重要手段。水力裂缝现场监测的方法有三种：（1）间接监测方法：主要包括净压力分析、试井和生产分析，该方法的主要缺点是分析结果常具有非单一性，需要用直接裂缝监测结果进行校正；（2）井筒附近的直接监测：包括放射性示踪剂、分布式光纤监测、温度测井、生产测井和井径测量等，该方法的主要缺点是只能获得井筒附近1m以内的裂缝参数；（3）直接的远场监测：包括微地震裂缝监测技术、地面测斜仪和井下测斜仪监测，远场监测技术从临井或地面进行监测，可获得裂缝在远场的扩展。

第一节 微地震裂缝监测

随着页岩气、致密油气和煤层气等非常规资源的开发，水力压裂微地震裂缝监测技术有了突飞猛进的发展。微地震裂缝监测提供了目前储层压裂中最及时、信息最丰富的监测手段。可根据微地震"云图"实时分析裂缝形态，对压裂参数（如压力、砂量、压裂液量等）实时调整，优化压裂方案，提高压裂效率，客观地评价压裂工程的效果。

一、监测方法

为了监测水力压裂施工，将一组三分量检波器放置在监测井中，或将其径向立在压裂井周围的浅孔中。在压裂过程中，地震检波器会检测并记录在压裂过程中产生的微小"微震"。地震检波器连续记录岩石破裂时诱发的微地震引起的地面运动。通过记录地震阵列中多个接收器的波形的相干性、起始时间延迟和极性，使用从各种地震检波器检测到的压缩波（P波）和剪切波（S波）的到达时间，可以确定事件的位置。微地震事件的精确三维（3D）位置提供了有关水力裂缝几何形态和扩展的重要信息。

1. 井中微地震监测

井下监测是最常见的部署方式，通常为每一级工具使用三分量检波器，工具的总数因监测设计而异（图7-1）。井中微地震监测接收到的信号信噪比高、易于处理，受到井位的限制，检波器能检测到水力压裂微地震的最远距离为2km。当提供多个监测井时，可以部署多个监测井下阵列。井数和级数越多，微地震事件定位精度越高。

三分量检波器记录在压裂过程中形成大量的压缩波（纵波，P波）和剪切波（横波，S波）波对，其定位有三个重要步骤，即：（1）检波器定向技术确定三分量检波器的方位；（2）纵横波时差法确定事件距离；（3）P波偏振分析技术确定事件方位角。检波器定向是用射孔枪作为信号源，用接收到的波形反演射孔点的位置，即可获得三分量检波器的方向，同时也可获得定位所需的储层介质速度场信息。微地震事件定位采用P波和S波的

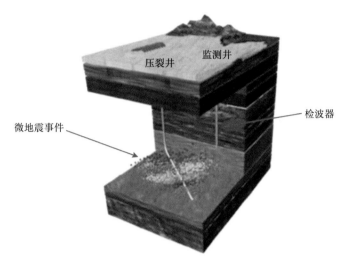

图 7-1　井下微地震监测示意图

时差，再通过已知的储层介质的 P 波和 S 波速度，将时差转化为信号源的距离，得出水力裂缝的几何尺寸，测出裂缝高度和长度。用偏振分析确定微地震事件的发生方位。极化分析主要目的是确定波的传播方向。极化分析的基本思想是寻找一定时窗内的质点位移矢量的最佳拟合直线（图 7-2）。如时窗内的波形被确认为 P 波，则该拟合直线方向即为波的传播方向；如时窗内的波形被确认为 S 波，则该拟合直线的方向与波的传播方向垂直，极化分析的时窗选择对分析结果的可靠性至关重要。其中矢端曲线分析法是判断质点振动方向的有效手段，矢端曲线是地震波传播时，介质中每个质点振动随时间变化的空间轨迹图形，它反映了地震波的偏振情况。

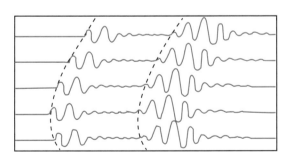
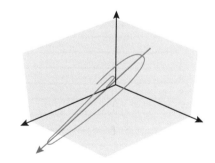

图 7-2　井下微地震波形及波形偏振分析

2. 地面微地震裂缝监测

　　地面监测通常使用垂直分量检波器，通常需要数百或数千个地震仪或类似的反射传感器（图 7-3）。传感器被钉入、埋入或部署在浅井中。地面监测水平定位精度稳定，深度精度低于井中监测。地面监测结果与井中监测基本一致，由于信号较弱，定位误差比井中监测稍大。地面微地震监测是将地震勘探中的大规模阵列式布设台站与基本数据处理手段移植到压裂监测中来，地面微地震是在压裂井口或水平井压裂段上方布设一系列单分量或三分量检波器，其布列方式主要为放射状、网格排列和稀疏台网。布设点达到几百个，每点又由十几个到几十个单分量垂直检波器阵组成，检波器总数可以万至数万计。

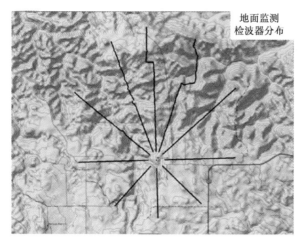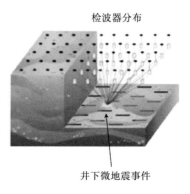

图 7-3　地面微地震监测示意图

此法施工条件要求低，不受采集平面方位角的限制，具有大的方位角覆盖，数据量大，有利于计算震源机制解。其关键的数据处理流程为噪音压制、速度模型建立、静校正和多道叠加：

（1）噪音压制主要根据视速度和频谱特征差异进行相干噪声和单频噪声压制，噪声压制后突出信号能量，提高事件定位精度。

（2）地面微地震精确定位需要合适的速度模型，初始速度模型通过声波测井、VSP 资料建立。在已知射孔位置和初始速度模型的情况下，结合已划分的地质层位调整各个层位的速度值，直到理论初值与实际初值吻合程度满足精度要求。

（3）静校正主要是消除因地形起伏和近地表速度结构等接收条件变化造成的直达 P 波走时所引起的时差。静校正消除复杂表层结构的影响是微地震事件精确定位的关键技术之一。

（4）多道叠加主要是多个通道波形数据叠加成一个通道数据，有助于压制随机噪声，提高信噪比（图 7-4）。

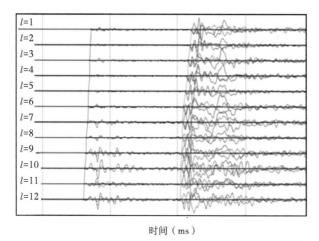

时间（ms）

图 7-4　地面微地震波形图

二、应用实例

水力压裂裂缝监测技术通过近井筒测量、间接生产和压力分析或远场监测（如微地震和微变形），提供了可视化地下裂缝形态的窗口。描述实际的裂缝尺寸和裂缝或裂缝系统的整体形态，微地震监测是应用最为广泛的，有可能提供有关裂缝的最多信息。

1. 实例1：结合施工参数刻画裂缝形态

图7-5显示了马塞勒斯页岩两口水平井水力压裂微地震监测结果的实例图。监测到的水力压裂裂缝形态显而易见，形成的水力裂缝垂直于井筒方向，微地震定位图可以评估和改进裂缝相对于井间距的长度、级数及其沿井筒的间距，还可以测试井筒、检查射孔簇的数量或使用封隔器和套管的情况，可以优化压裂液系统，可以诊断分流技术，可以结合施工参数和井距评估裂缝高度，对井的布局、完井方式和水力压裂的其他各个方面进行测试和优化（图7-6）。此外，当与其他诊断技术（例如压力数据、小型压裂测试（DFIT）、微变形和分布式温度感测（DTS）、生产日志、生产数据等结合使用时，全套信息可以提供关于复杂非常规油气藏增产开采细节的宝贵证据。

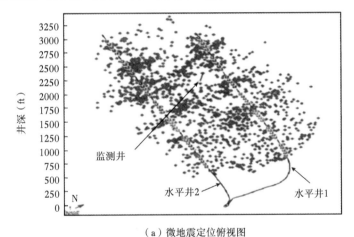

（a）微地震定位俯视图

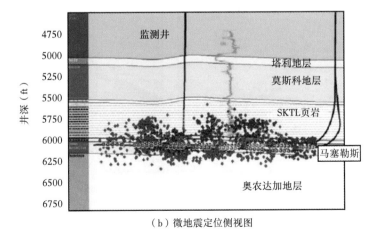

（b）微地震定位侧视图

图7-5 马塞勒斯页岩两口水平井水力压裂微地震监测结果

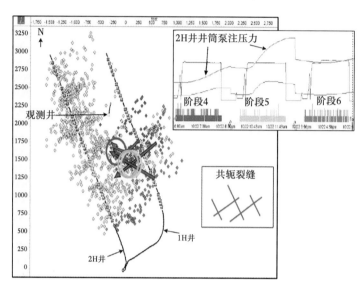

图 7-6 微地震数据与泵注参数相结合，判定裂缝是否连通

2. 实例 2：天然裂缝识别

微地震测量和其他证据表明，在许多非常规油气藏中，压裂施工过程中先前存在的复杂裂缝网络的延伸扩展可能是普遍现象。地层预先存在的天然裂缝或弱面及原地应力强烈影响使得裂缝系统变得复杂。图 7-7 显示了在巴内特页岩微地震监测的裂缝网络。微震监测结果显示：水力裂缝的形态是由已存在的节理控制的。当主应力方向与天然裂缝的方向不同时，会使水力压裂裂缝沟通天然裂缝，这时油气井的产量最高。微地震监测图能够指导水平井钻井方位，识别天然裂缝方位，使得水力压裂能够最大限度地形成复杂裂缝，从而促使大量的巴内特页岩开始商业化开采。

水力压裂裂缝与天然裂缝之间的相互作用可能导致流体流进天然裂缝，由于剪切或拉伸而使天然裂缝扩大，水力压裂形成分支裂缝，从而导致水力压裂变得复杂，扩大波及体积。

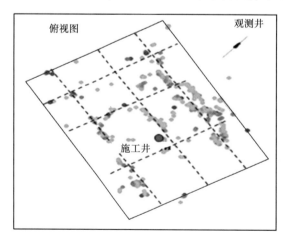

图 7-7 巴内特页岩微震监测的裂缝网络

3. 实例3: 不同类型压裂液影响

不同的压裂液对水力压裂作用不同。图7-8显示了巴内特页岩中的典型例子,展示XL瓜尔胶压裂和水压裂之间的区别。与水压裂相比,XL瓜尔胶压裂的裂缝类型更窄和更长,而水压裂比XL瓜尔胶压裂更复杂。

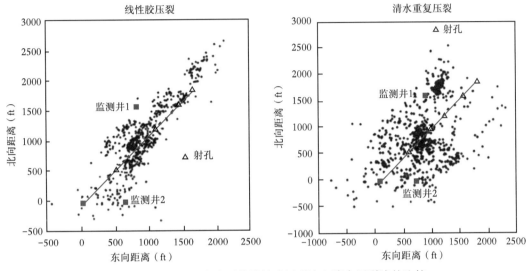

图7-8　巴内特页岩水平井线性胶压裂液和清水压裂液的比较

图7-9显示了在密西西比页岩的两种不同地层中进行的滑溜水(1井)和交联液(2井)的比较。在两个垂直井中进行了两段施工。与滑溜水相比,交联液的裂缝模式更窄更短。交联液施工的第二段(2井)与第一段相独立,而滑溜水压裂(1井)的裂缝与第二段的施工重叠;图7-9(c)显示了1井第二段的事件的时间序列,表明该裂缝是从射孔开始的,然后合并到之前压裂的第1段地层。

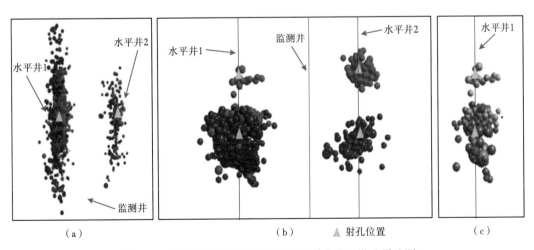

图7-9　两口密西西比页岩井不同压裂液施工微地震监测

4. 实例4：破裂机制反演

微地震裂缝监测除了可以提供有关压裂信息的事件位置以外，通过反演事件破裂机制，也是地震事件记录中最有用的信息之一。水力压裂过程中的震源机制可以提供有关现场应力和应变的直接信息，以及裂缝扩展与压裂施工之间的关系，例如注入压裂液和支撑剂的情况（图7-10）。井下单个线性阵列的震源方位角覆盖特别受限，至少需要3口不同方位的井监测（图7-11）。典型的地面和近表检波器阵列具有足够的覆盖范围，并在各个传感器上用足够的信噪比记录下来，通过拾取波形初动极性和振幅，就可以反演微地震事件的破裂机制。

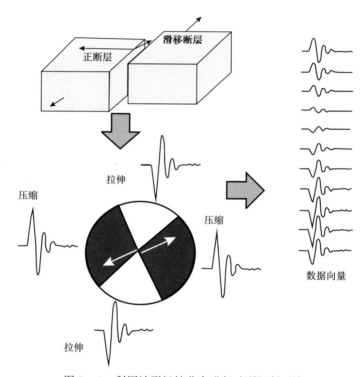

图7-10 利用波形极性分布进行破裂机制反演

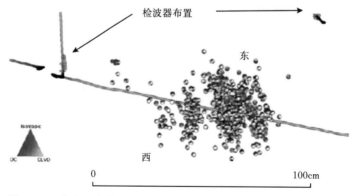

图7-11 来自三个井下监测井的微地震事件分布和矩张量反演图

第二节　微形变裂缝监测

一、监测方法

1. 微形变裂缝监测原理

水力压裂产生的裂缝在储层中引起地层弹性形变，这些形变向各个方向辐射，引起地表和井下地层变形。压裂引起的地层位移场极小，很难直接测量，但位移场的梯度即倾斜场是相对容易被测斜仪记录的。测斜仪微形变水力裂缝监测的原理非常简单，类似于"木匠水平仪"（图7-12），测斜仪器内有充满可导电液体的玻璃腔室，液体内有一个小气泡，仪器倾斜时，气泡产生移动，通过精确的仪器探测到两个电极之间的电阻变化，这种变化是由气泡的位置变化导致的。测量倾斜量的仪器非常精密，精度可达10^{-9}弧度。通过电缆将一组测斜仪布置在井下和将一组测斜仪布置在地面（图7-13）就可以测量水力压裂产

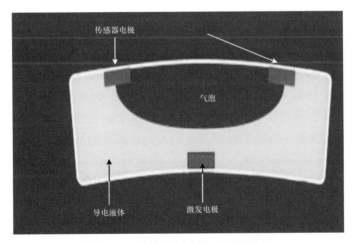

图7-12　水力测斜仪裂缝诊断原理

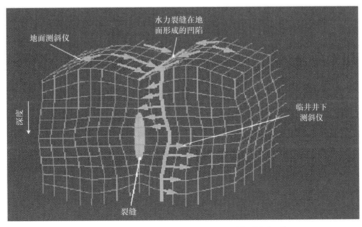

图7-13　水力裂缝引起的地层倾斜变形

生的地层倾斜场。水力裂缝引起的倾斜量通常在几十到几百纳弧度，数值非常小，但这些倾斜量含有裂缝方位、形态、尺寸等独特的信息。通过测得的倾斜场进行反演可获得裂缝参数。简单来说，测斜仪裂缝监测技术是基于误差最小化的模式，通过预先建立的模型引起的地面和井下变形模式与实际变形相比较，经过反演迭代找到最佳的拟合，来获得实际的裂缝形态。由于变形模式是唯一的，并且与储层内的压裂裂缝的特征有关，通过对精确的高分辨率的变形值进行地质力学的反演，可获得裂缝的特征，该监测方法相对简单，对压裂裂缝形态认识非常有效。

2. 微形变测斜仪布置方式

1）地面微形变测斜仪布置方式

确定测斜仪井眼位置时首先利用 GPS 绘制一张包括井位及监测井周围区域的地图，分别以压裂井预压层平均深度的 25%、50%、75% 为半径，以压裂井预压层在地面垂直投影为圆心画 3 个圆（图 7-14）。最大的压裂信号在距离井口 30%~50% 区域，但是分布在距井口 25%~75% 压裂深度范围内的井眼所产生的信号分析时都可利用。井眼也可布置的比 25% 压裂深度更靠近井口，但太靠近井口，监测到来自井场的卡车或设备的额外噪声将掩盖压裂信号。相应的井眼也可布置的比 75% 压裂深度更远离井口，但监测到的信号将过小。把井眼布置在井场边或远离道路几米的地方较合适。在井的东、西、南、北方向尽量布置数目大致相同的井眼。随机的布置比对称的布置更可取，这样的结果更可信，不必精确地把井眼都布置在 25%~50% 压裂深度范围内，根据压裂井周围的地面条件而定测斜仪井眼位置。根据确定的测斜仪观测井眼位置钻取深 12m 的观测井，并用 PVC 进行固井（图 7-15），待压裂前大概一周将地面测斜仪放入到观测井内开展监测。而对于丛式水平井

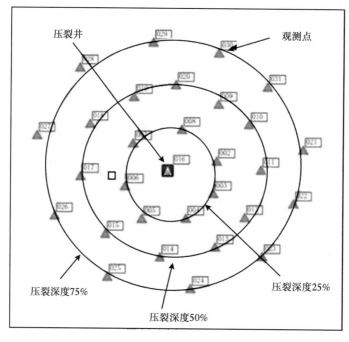

图 7-14 直井地面测斜仪布置

组来说，测点的布置范围要根据丛式井水平段的位置进行优化设计，因此测点布置范围要远大于单一水平井的范围，测点数量也比单一水平井要多（图7-16）。首先，要根据压裂段垂直深度和压裂规模，确定单个压裂段监测需要的地面仪器数量和布置范围大小；接着，要确定丛式水平井组多口井压裂需要布置地面仪器的面积，根据监测面积比例，确定多口井监测需要的仪器数量；最后，根据现场实际地面地形对仪器位置进行优化。

地面测斜仪工作的温度范围是-40~85℃，最大测试地层垂直深度为5000m。一般井越深测量结果的精度相对就要差些，裂缝方位精度是每300m井深0.5°~1.0°。泵的排量越高及施工规模越大，越能获得更好的测量结果。地面测斜仪可监测的极限深度与施工参数如图7-17所示。

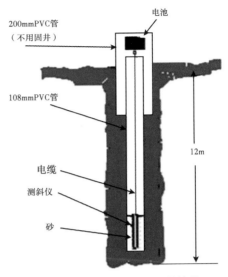

图7-15 地面测斜仪观测井结构

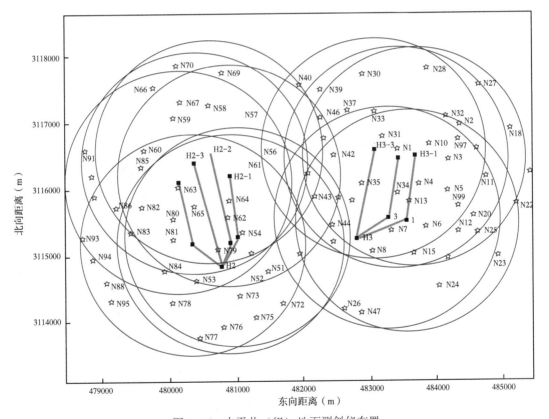

图7-16 水平井（组）地面测斜仪布置

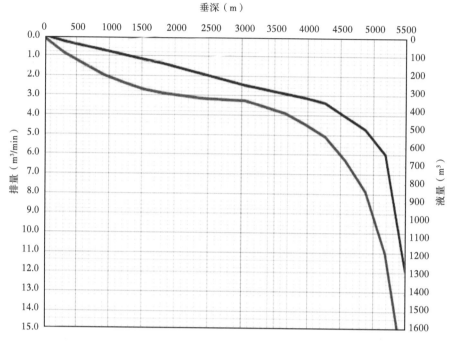

图 7-17　地面测斜仪监测深度与施工参数关系

2）井下微形变测斜仪布置方式

按仪器工作要求选择观测井，井下测斜仪用电缆车安装在观测井中（图 7-18）。根据压裂井和观测井的数据，设计井下测斜仪的数量和仪器之间的连接长度，使仪器串的长度

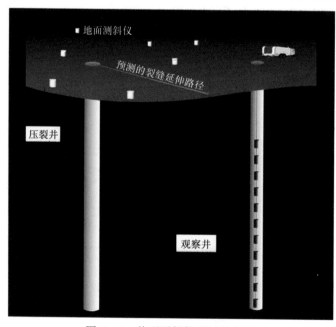

图 7-18　井下测斜仪测试示意图

能包括压裂目的层的厚度，使最下部的仪器深于压裂目的层的底部，使最上部仪器的深度小于压裂目的层的上部深度。测斜仪底部距井底不能小于 9m。一般来说，井下测斜仪对观测井及工作条件有如下要求：

（1）观测井与压裂井距离一般小于 400m，且观测井垂直深度比压裂层深；

（2）观测井全井段斜度不大于 15°，仪器串监测段斜度小于 8°，观测井中套管直径为不小于 4.5in；

（3）仪器串一般有七到十二支仪器，长度 100m 左右，仪器之间利用单芯电缆软连接，下入与压裂层同一个深度；

（4）利用磁性扶正器吸附在观测井套管壁上来接收地层变形信息；

（5）井下仪器需要 220V 电力。

二、应用实例

测斜仪微形变裂缝监测最早由哈里伯顿公司收购的顶峰（Pinnacle）公司实施的。随着测斜仪精度的提高、数据处理的发展，测斜仪监测技术的优势逐渐体现出来，测斜仪裂缝监测技术应用 20 余年来进行了超过 10000 井次的裂缝监测，最近几年在国外很多油田的页岩储层中也有应用。

1. 美国鹰滩底部页岩储层应用实例

鹰滩页岩储层一口水平井进行地面测斜仪监测，来描绘储层改造特征 SRC（stimulated reservoir characterization），水平井深度 5000ft。在地面布置了 55 支仪器，覆盖大约 3mile^2 的区域，目的是准确描绘注入液体和裂缝网络引发的地面变形特征。本次监测的数据非常"干净"，噪声比通常情况下要小（图 7-19）。

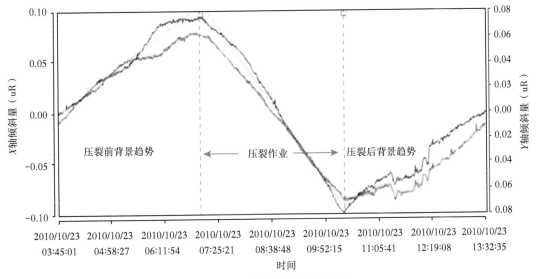

图 7-19　地面测斜仪监测数据

　　该页岩气水平井共压裂 16 段，利用微地震和地面测斜仪进行了联合监测，获得了 16 段的 SRC，所有压裂段的综合的 SRC 结果绘在图 7-20 中。图 7-21 和图 7-22 是选择的两段的监测结果。图上根据裂缝方位用不同颜色表示估算的储层改造区域，蓝线表示垂直缝的方位，黑星表示各级射孔位置。本项目同时采用了井下微地震监测，微地震事件点用橙色点表示。

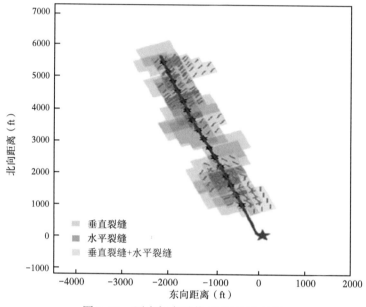

图 7-20　页岩气水平井 16 段 SRC 结果

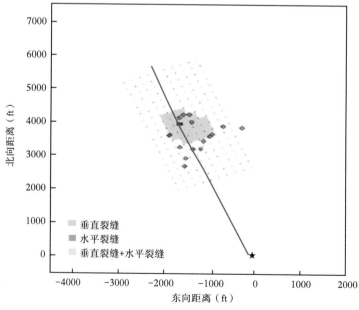

图 7-21　水平井其中一段 SRC 结果（橙色点为微地震事件点）

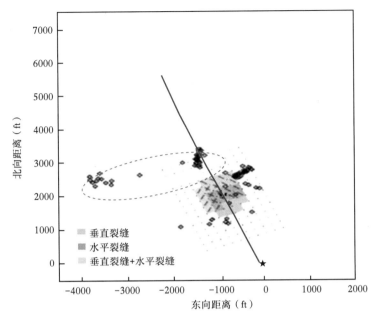

图 7-22　第 13 段 SRC 结果（橙色点为微地震事件点）

在所有的压裂段中都监测到很大的水平缝体积，这与很高的破裂梯度相符。在水平井趾部到中部这部分垂直缝方位大概北东方向 30°，从中部到跟部出现了几乎与前面裂缝垂直的裂缝组。在靠近井中部的某些区域，只有水平缝。

在水平井中部和跟部之间的水平缝和垂直缝普遍关于井筒成对称，而在趾部和中部之间更倾向于北东方向而不是南西方向。图 7-21 显示该段压裂只产生了水平缝网络。裂缝网络的位置和扩展区域与微地震结果一致。图 7-22 显示该段压裂裂缝存在三个主要裂缝集合，即两个垂直裂缝集合和一个水平裂缝集合。微地震结果显示大部分事件点在北西方向的区域内（绿色椭圆），在这个区域上已知有一个北东方向 70°的断层。

2. 美国巴肯中部页岩储层应用实例

马拉松（Marathon）石油公司利用地面测斜仪对威利斯通盆地中巴肯页岩储层一口水平井——N31-14H 井进行了监测。目的：（1）测量该井主裂缝相对水平井段的方位，为未来新井钻井位置优化提供依据；（2）确定在各向异性地应力条件下能否形成单一主裂缝，或裂缝是否有明显的复杂性；（3）评估沿水平井注入流体体积分布均匀（或不均匀）的相对程度；（4）确定水平井段未固井状态下是否能产生足够的转向，产生的裂缝是否大部分为横切缝。该水平井垂深 10886ft，水平段 5687ft 为裸眼，铺设直径 4½in，重量 11.6lb/ft，材料为 L80 钢，预先进行射孔的套管。孔眼相对均匀地布置在水平段以使流体均匀进入环空。原计划对整个水平段进行一次压裂，但中间井口出现问题，几周后又进行了二次压裂。两次压裂都用地面测斜仪进行了监测，共部署 80 支地面测斜仪（图 7-23）。

第一次采用段塞式加砂，施工曲线如图 7-24 所示，利用交联的 CMHPG 压裂液携砂，每个段塞支撑剂浓度为 2.5~6μg/g，每个段塞后期都有一个高砂浓度（8~12μg/g）的转向阶段，转向目的是使水平井段未起裂部分产生新裂缝。第一段共注入 3892bbl 的液体和

图 7-23　N31-14H 井地面测斜仪观测点布置

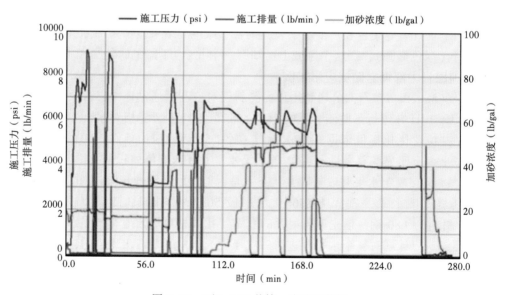

图 7-24　N31-14H 井第一次施工数据

296000lb 的支撑剂。地面测斜仪监测解释结果发现（图 7-25、图 7-26），水平井趾端注入液量占总液量的 50%，在这 50% 液量中，30% 液体产生的裂缝为横切缝，20% 液体产生的为纵向缝。水平井中部注入液量占总液量的 40%，其中 15% 的液体产生了横切缝，15% 为纵向缝，大约 10% 的液体产生了水平缝。水平井跟部注入液体占总液量的 10%，大部分显示产生水平缝特征。总体上看，45% 的液体产生的裂缝为横切缝，35% 为纵向缝，20% 为水平缝。

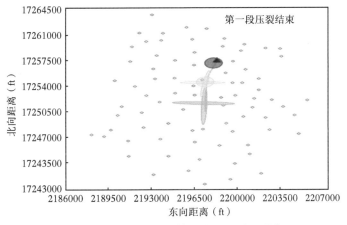

图 7-25 N31-14H 井第一次施工裂缝形态

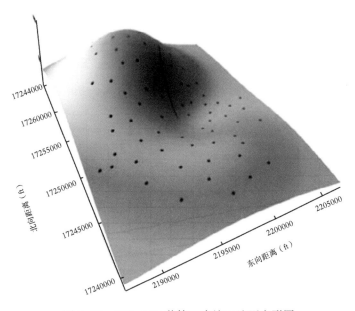

图 7-26 N31-14H 井第一次施工地面变形图

为提高裂缝的复杂程度和改造体积，第二次压裂采用滑溜水（平均黏度 2~3mPa·s），压裂井段与第一次相同，施工曲线如图 7-27 所示，平均注入速度 61bbl/min，共注入液体 6553bbl、支撑剂 193000lb。

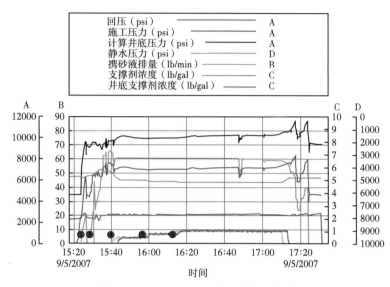

回压（psi）		A
施工压力（psi）		A
计算井底压力（psi）		A
静水压力（psi）		D
携砂液排量（lb/min）		B
支撑剂浓度（lb/gal）		C
井底支撑剂浓度（lb/gal）		C

图 7-27　N31-14H 井第二次施工数据

　　地面测斜仪监测解释如图 7-28 和图 7-29、表 7-1 所示，水平井趾端注入液量占总液量的 25%，在这 25% 液量中，15% 的液体产生的裂缝为斜交缝（北西向 45°），10% 的液体产生的裂缝为纵向缝。水平井中部注入液量占总液量的 30%，产生的裂缝为纵向缝。水平井跟部注入液体占总液量的 45%，裂缝为横切缝。

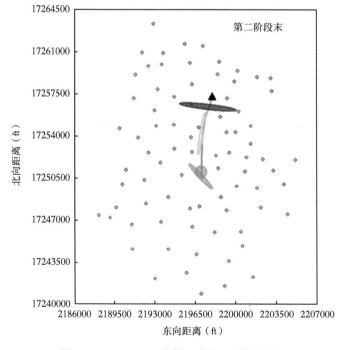

图 7-28　N31-14H 井第二次施工裂缝形态

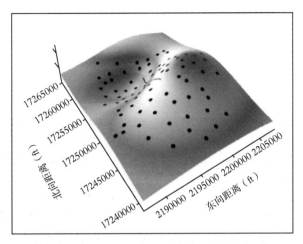

图 7-29　N31-14H 井第二次施工地面变形图

表 7-1　N31-14H 井 2 次压裂测斜仪监测结果

压裂次数	压裂时间	注入体积（bbl）	射孔垂深（ft）	体积分数		
				跟部	中部	趾部
1	2007. 2. 23 8:01－9:24	3892	10858	10%水平缝	15%-横切缝 15%-纵向缝 10%水平缝	30%-横切缝 20%-纵向缝
合计				10%	40%	50%
2	2007. 9. 5 15:24－17:43	6553	10858	45%-横切缝	30%-纵向缝	15%-斜交缝 10%-水平缝
合计				45%	30%	25%

3. 井下测斜仪和井下微地震在巴肯页岩储层联合监测应用实例

为确定水力裂缝尺寸，赫斯公司（Hess Corporation）采用井下测斜仪和井下微地震对裂缝扩展进行了联合监测解释。井下测斜仪和井下微地震下入到直井 V2 井中对 V1 井进行监测，压裂井和监测井位置图如图 7-30 所示，V1 井和 V2 井距离 200ft，距离这两口井

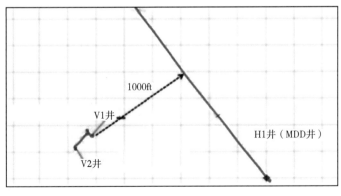

图 7-30　压裂井和监测井位置

1000ft 处有一口水平井 H1 井，H1 井已生产 11 年，在 V1 井压裂期间水平井 H1 井关井以避免生产对监测造成影响。

V1 井压裂共注入 15000lb 的 30/50 目支撑剂和 600bbl 的高浓度降阻液。井下微地震监测结果如图 7-31 所示，结果显示 V1 井压裂裂缝相对为平面裂缝，且两翼对称，裂缝半长为 1000ft。

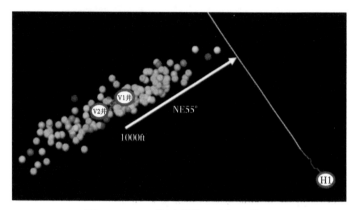

图 7-31　V1 井压裂微地震解释结果

由于 V1 井和 V2 井之间的距离近，为利用井下测斜仪监测裂缝高度提供了良好条件，可以准确测量 V1 井压裂过程中垂直缝诱发的储层变形特征。图 7-32 是 V1 井的井下测斜仪监测与微地震结果对比图，左侧显示了 V1 井压裂期间测斜仪数据变化，中间显示了压裂结束后储层倾斜量的大小，右侧为测斜仪和微地震解释的裂缝高度对比。从微地震结果来看，裂缝高度约为 400ft，柱状图显示大部分微地震事件出现在深度 9350~9750ft。井下测斜仪结果显示裂缝变形为 9475~9775ft，即在 V2 井附近的裂缝高度为 300ft。值得注意的是，井下测斜仪给出的是 V2 井附近的裂缝高度，V1 井附近的裂缝应该更高一些。

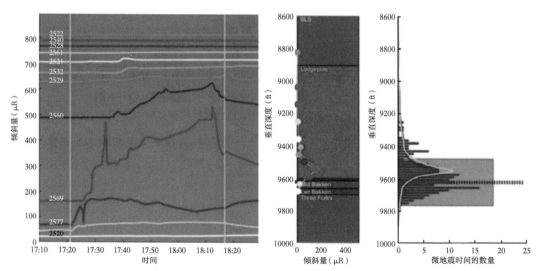

图 7-32　V1 井下测斜仪监测结果与微地震结果比较

裂缝尺寸监测结果显示，V1 井裂缝半长为 1000ft，裂缝高度 300（井下测斜仪）～400ft（微地震）。微地震事件直方图显示大部分微地震事件集中在 9500～9725ft，井下测斜仪的监测结果认为裂缝顶部在 9475ft，底部在 9775ft，主裂缝高度看起来更接近井下测斜仪监测的 300ft。

第三节　分布式光纤裂缝监测

哈里伯顿公司开发的水力压裂诊断方法 FiberWatch 系列光纤传感监测技术可以用于水平分支井水力压裂监测。用于井下监测的光纤传感技术主要有分布式光纤温度（DTS）传感技术、分布式光纤应力（DSS）传感技术、分布式光纤声波（DAS）传感技术和分布式光纤化学（DCS）传感技术。

Fiber Log™ 电缆技术采用电光电缆，电缆中的光纤通过 DTS 传感技术和 DAS 传感技术实现对井眼的动态监测。分布式传感技术使用光纤电缆本身监测沿井眼长度上的温度、声学和应变等信息。DTS 传感技术能准确测量沿每米光纤的温度。DAS 传感技术是基于瑞利散射原理，用来测量长距离的声波应变信号，有效地将光纤电缆变成一连串的检波器（麦克风）。当采集到声波应变数据后，通过频率滤波、时间域和深度域堆叠等先进处理技术进行处理，以获得各种有用的信息。DSS 传感技术用来确定套管变形的位置和严重程度，或提供增产措施期间射孔孔眼处产生的应力大小。

单点式传感技术 FiberPoint™ 将小型、耐用、高精度的温度和压力传感器单元安装在高带宽光纤电缆上，提供准确温度和压力测量数据，其温度、压力指标分别为 300℃ 和 1250psi。这些单点传感器可以被重复使用，并放置在沿光纤的目标检测位置，构建准分布式测量系统。解释处理软件 FiberView™ 是一个光纤传感监测数据查看和分析处理平台。

一、监测原理

1. 分布式光纤温度（DTS）传感技术监测原理

分布式光纤温度传感器系统的工作原理是：将光纤作为温度感应和数据传递元件，通过激光发射器以 10ns 的频次发射激光，在光纤传导过程中发生拉曼散射，拉曼反向散射光谱中包含斯托克斯峰和反斯托克斯峰两个组分，其中反斯托克斯峰的强度与温度的相关性较强，通过计算反斯托克斯峰与斯托克斯峰信号的强度比，可获得精确的温度。DTS 测量温度的时间间隔最小为 2s，最大为数小时。通常温度测量分辨率为 0.1℃，温度数据取样间距一般为 1m，总的光纤测量距离可达 12km，耐温可达 300℃。

DTS 传感技术可用于诊断直井和水平井的压裂酸化增产措施，可以持续实时监测增产作业过程中井筒的动态温度剖面，可用于确定水平井压裂改造过程中的流体分布，还可用于探测压裂后水平井裂缝位置、裂缝条数，以便优化增产作业。

哈里伯顿公司于 2006 年在苏门答腊油田的一口井深为 230m 的直井中首次应用 DTS 传感技术监测小型压裂施工，通过对施工过程中实时温度剖面变化进行定性分析，获得了关于压裂裂缝扩展高度信息；于 2008 年针对直井压裂施工同时监测 DTS 温度分布、井口流量和井底压力，讨论了根据 DTS 温度曲线的斜率反演不同射孔层段进液剖面的方法，同时根据瞬态 DTS 温度曲线可以判断出地层起裂后进液剖面的变化情况。DTS 温度监测可有效地分析和改善酸化作业效果，当酸液注入地层，酸岩反应释放热量，导致地层温度升高出现峰值，在酸液注入速率及注入量不同时，温度分布曲线的峰值不同，因此根据地层温度曲线监测可确定注入酸液的分布情况并获得酸液注入体积，从而对注入速率及注入时间段进行优化，使增产措施的效果达到最佳。

2. 分布式光纤声波（DAS）传感技术监测原理

分布式光纤声波（DAS）传感技术采用相干光时域反射测量的原理，将相干短脉冲激光注入光纤中，当有外界声音（振动）作用于光纤时，由于弹光效应，会微小地改变纤芯内部结构，从而导致背向瑞利散射信号的变化，使得接收到的反射光的强度发生变化，通过检测井下事件前后的瑞利散射光信号的强度变化，即可探测并精确定位正在发生的井下事件，从而实现井下动态的实时监测。DAS 传感技术基于瑞利散射原理，用来测量长距离的声波应变信号，有效地将光纤电缆变成一连串的检波器（麦克风）。当采集到声波应变数据后，通过频率滤波、时间域和深度域堆叠等技术进行处理，以获得各种有用信息。2009年，壳牌公司首次将 DAS 传感技术应用于致密气井水力压裂作业监测，目前 DTS/DAS 联合监测正成为水力压裂监测和评估的最新技术，从而对压裂作业效果进行评估分析。

由于 DTS 传感技术仅对温度变化敏感，且存在滞后性，无法判断井下工具和设备的状态，与 DTS 传感技术相比，DAS 传感技术在井下动态实时监测方面具有更大的优越性。根据不同的井下监测需要，DAS 传感技术所用光纤既可以永久性地安装在套管或油管外，实现油气井全生命周期的监测，也可以通过钢丝、连续油管、泵送等方式将光纤部署在油管内，实现临时或短期的监测。在采用 DAS 传感技术的井中，应在明确监测需求的基础上，通过成本和数据质量的权衡，确定合适的光纤安装方式。

相比 DTS 传感技术，DAS 传感技术通过声波"捕捉"流量的方法，对温度变化不敏感，可极大地克服 DTS 传感技术因地温差异小而导致流量解释的困难，在水平井流量剖面分析方面具有显著优势。若将 DTS 和 DAS 两种传感技术相结合，则可以获得更准确的入流剖面。目前，基于 DAS 传感技术的流量解释仍主要针对单相流体，对于多相流体，特别是油气水三相流动时各相流体的流量解释还存在较大困难。

壳牌公司于 2009 年首次在致密气井水力压裂过程中采用了 DAS 传感技术。随后，DAS 传感技术在水力压裂工艺中被大量用于压中和压后监测。压裂过程中，根据声波信号，DAS 传感技术能够实时监测封隔器坐封、落球、滑套运动等过程，以及流体在封隔器外面或者通过射孔孔眼的流动。当 DAS 传感技术部署在压裂井中时，通过查看声波的位置和强度，能够帮助确定吸入流体、支撑剂的层段和孔眼及其吸入量。DAS 传感技术能够实时显示压裂过程中井下分流器的分流效果，为实施压裂液转向提供决策支持。根据应用地区或者应用井以往压裂的声波数据，能更好地为同一地层中新的压裂井制订最佳的压裂方案，或者改变重复压裂井的施工程序使压裂液有效地进入目标层段。DTS 传感技术也被用于水力压裂监测，但存在反应时间慢、套管与光纤之间的导热性影响测量结果等问题。此外，夹在两个压裂段中间的某些射孔簇，即使没有压裂液进入，也可能受到附近两个压裂段中压裂液的热影响而使温度发生异常，导致错误解释。因此，将 DAS 传感技术与 DTS 传感技术结合能更准确地确定被压开层段，从而为压裂施工提供可靠的决策支持。随着页岩气等非常规资源开发中水平井多级压裂技术的广泛应用，DTS 传感技术和 DAS 传感技术联合监测已成为继小型压裂测试、示踪剂监测、微地震监测之后进行压裂效果监测评估的有力手段之一。

2014 年，DTS 与 DAS 首次由马士基（Maersk）公司在丹麦北海哈夫丹（Halfdan）油田的 1 口水平井中同时安装并对水力压裂过程进行了监测。试验结果表明：DAS 与 DTS 联合监测可同时捕捉温度和声波信号，能更好地对各级裂缝进液、裂缝延伸等情况进行压裂效果评价分析。斯伦贝谢公司于 2016 年在 1 口压裂井作业过程中进行 DTS 和 DAS 联合监测，通过压后综合分析 DTS 和 DAS 的数据和施工曲线，看出第二、三簇裂缝起裂效果不佳。

3. 分布式应变传感（DSS）技术监测

分布式应变传感（DSS）技术监测记录沿光纤的静态应变，也可以通过重复测量压裂过程中的静态应变值来实现动态应变监测。DSS 传感技术的工作集中在获取、处理和定性解释上，现场观察结果也可以与工程数据（如压力和温度），地质数据（如岩心）及地球物理数据（如微地震和时移地震）进行比较和验证，以全面了解水力裂缝扩展延伸情况。

二、应用实例

1. 基于 DAS 美国俄克拉荷马州区块梅勒梅克页岩监测

在梅勒梅克（Meramec）页岩（俄克拉荷马州区块）的一个处理井内安装了一根光纤电缆，覆盖了从地表到目标深度的整个油井长度，产生了大约 1000 个记录道。在处理两口井（图 7-33 中的 A 和 B）期间，在 A 井的整个长度范围内测量了温度、应变和微地震活动。

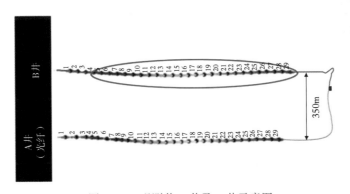

图 7-33　观测井 A 井及 B 井示意图

在 B 井 29 个段压裂时，在 A 井中记录了微震数据。图 7-34 显示了一个典型的微地震事件。在 P 波和 S 波到达时都观察到极性变化。由于源辐射模式，P 波在事件顶点改变了极性。由于声源和接收器的辐射模式，S 波的极性在几个地方发生了变化。

图 7-35 显示了单个压裂段（段 15）的空间映射事件位置。事件在距离观察 A 井（左）和 B 井（右）附近。从事件云图可以看出，DAS 系统检测到的大部分事件发生在 A 井和 B 井之间的井间空间，而在 B 井右侧只检测得到波幅最强的事件。

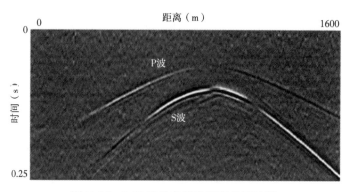

图 7-34　DAS 波是典型微震事件的波形

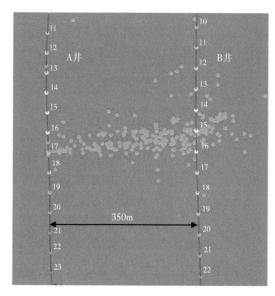

图 7-35　微地震事件发生位置映射图

通过对微地震事件的研究，可以发现大多数地震事件的振幅模式是 S 波极化沿着事件的侧面发生变化。图 7-36 中，左侧的事件（一系列两个事件非常接近）具有较小的 P 波到 S 波的时间间隔，表明它相对靠近光纤，极性反转接近顶点；右边的事件具有更大的 P 波—S 波时间间隔，表明它离光纤更远（更靠近改造区），并且极性反转间隔更远。

为了分析这些特征，对每个微地震事件都进行了时差校正，首先使用 P 波速度，然后使用 S 波速度（图 7-37）。这几乎使相应的 P 波或 S 波到达变平。应用静力学使事件变平，应用轨迹平衡，并提取每个事件相对于记录通道的中心

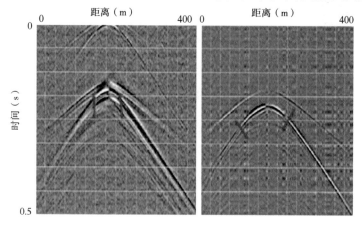

图 7-36　两个微地震事件的 DAS 波型

振幅。图 7-37 是一个单级大约 200 个事件的 P 波和 S 波振幅提取的综合显示。极性反转是可见的，并且在事件之间基本一致。

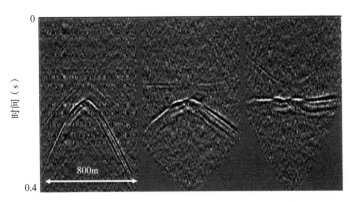

图 7-37　用恒定的 P 波（中心）和 S 波（右）速度校正微震事件（左）和时差

基于 DAS 技术对微地震的监测，发现了波形得极性反转，并对微地震进行了时差校正，这是更好的微地震波场的波形处理方法，对三维微地震数据处理有启发性意义。

2. DAS 传感技术应用实例

加拿大壳牌公司在一口水平井完井期间进行了首次勘探与生产中井下分布式光纤声波 DAS 传感技术现场试验。该井压裂段为每米 6 孔和 100m 间距的四个射孔段。在水力压裂过程中，施工排量 13m³/min，支撑剂浓度 350kg/m³，总共泵送了约 1600m³ 的液体和 250000kg 的支撑剂。

DTS 传感技术（图 7-38）显示了水力压裂开始后 10#、9# 和 8# 处的温度落差，表明有 3 个区域可供注入。提高排量后，射孔 7# 开始吸液。通过 DAS 传感技术和 DTS 传感技术均可清楚地观察到上午 10:39 的延迟故障。从上午 10:39 开始，在所有射孔深度 10#、9#、

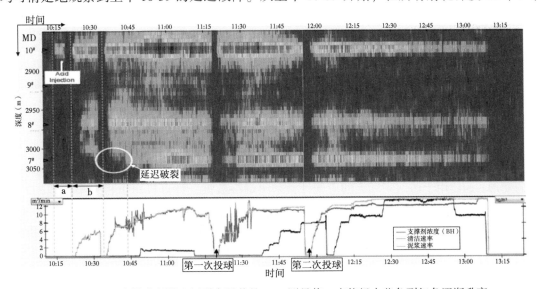

图 7-38　四个射孔段限流压裂水平井的 DAS 测量值，声能级由蓝色到红色逐渐升高

8#和7#处都可以看到温度落差，而在 DTS 上，可以在 9#射孔处观察到流体进入，但 DAS 没有记录到与注入有关的声能。均匀分布的温度区似乎只是与光缆和外壳有良好热接触的区域。生产测井数据证实了这一点，表明该区没有生产。从 DAS 的实时数据可以明显看出，这个区域很可能没有得到改造。

射孔簇 10#是主要注入区。投球封堵进液多的射孔层，改善吸液少的井段的压裂效果。在这一阶段，投球两次。对于两次投球，未观察到 DAS 和 DTS 上射孔 10#的影响。由于 DTS 传感技术具有较高的空间分辨率，在第二次压裂 7#射孔段，其次是 8#射孔段时，由于暂堵分流的影响，出现了一些流量减少（升温）。

为了定性了解 DTS 测量的注入流体分布，需要对地温回升进行工后测量和分析。在这一阶段，从 7#射孔段关井后立即出现的横流，温度梯度朝向 8#射孔段，然后是从 10#射孔段开始的交叉流，温度斜率朝向 8#射孔段。根据回温数据（参见图 7-39 中的下段），10#射孔段消耗了最多的流体，因为它返回地温最慢，其次是 8#和 7#射孔段。从 DTS 分析注入流体分布的结果，补充并符合 DAS 实时测量结果。

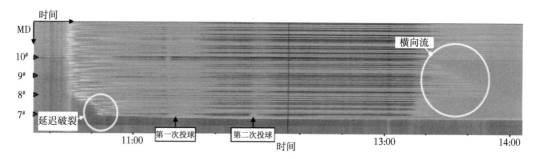

图 7-39　DTS 数据结果，DTS 电缆测量到注入冷流体时，在断裂处可以看到温度落差（蓝色）

3. 分布式应变传感（DSS）光纤技术应用实例

1）套管形变监测

高地层应力或油藏压力可能使套管处于较大的应力之下，通过 DSS 传感技术可以测量套管变形或被挤毁。早期检测套管变形有助于及时采取修井措施，连续应力监测可以改善对油气藏的了解程度，以优化生产和开发。为了监测地应力对套管变形的影响，壳牌公司与贝克休斯公司开发了实时套管应变成像仪（RTCI），提供套管的连续、实时、高分辨率图像，用于监测套管变形。

RTCI 由三部分组成（图 7-40）：装有光缆的管柱、地面询问机（SIU）和计算机。光缆含有数千个间隔数厘米、均匀分布的应变计，以预先确定的角度缠绕在管柱上，监测套管的变形；SIU 用于访问光纤上的应变计，采集最终数据；计算机用于将采集的数据转换为应变，并重建管柱图像。RTCI 具有很高的空间分辨率（约 1cm）和很高的精度（约 10μm），对所有引起管柱应变的因素敏感，包括轴向压缩、弯曲、椭圆化、温度和压力。仪器可以探测每 100ft 不足 10°的套管变形，探测挤压与拉伸轴向应力范围从小于 0.1%到 10%。通过监测这些变化，可以在早期探测和量化应力变化，更好地了解应力及其与油气藏的关系，预防对单口井或更多井的伤害，优化油气生产。实际应用表明，RTCI 不仅能够监测油藏压实、上覆层膨胀和其他地质力学变形，还可以监测更小的事件，如水泥候凝造成的套管直径 0.001in 的变化。到目前为止，还没有其他方法能够在无需仪器下入井中、不干扰生产的情况下，达到同等灵敏度、动态范围、空间分辨率和响应时间的监测效果。

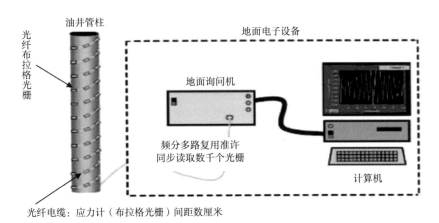

图 7-40　RTCI 构成示意图

引起套管变形的主要模式有：

（1）轴向应变—轴向的压缩、拉伸，导致轴向长度的变化；

（2）弯曲—套管曲率的变化。交替的区域压缩和拉力会出现对应于内部和外部的区域弯曲形变；

（3）椭圆化—延长一个放射状方向和正交的径向缩短。

这些形变模式（图 7-41），可以通过对 DSS 信息进行解释，从而详细描述套管形状的变化。

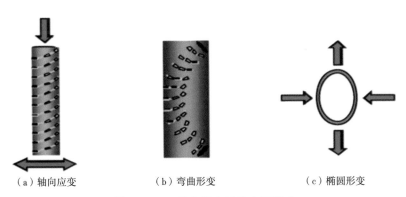

（a）轴向应变　　　　　（b）弯曲形变　　　　　（c）椭圆形变

图 7-41　三种套管变形的主要模式

2）射孔孔眼进液监测

DSS 传感技术还可以用于确定射孔孔眼的进液速率，DSS 系统安装在套管的外部，分别在液体注入之前和注入之后收集相关的应变数据。注水前 DSS 系统测量了油气藏的压实度与产量的函数关系。当注入液体时，井中的应变响应发生了变化，并在某些地层中显示为压实率降低，表明在这段时间间隔内注入了水以阻止压实。未射孔的区域没有显示压实率的变化，在另外的一些射孔区域压实率降低，可以认为是注入水不断推进的结果（图7-42），从该示例可以看出，DSS系统可以提供一些与DTS流体热响应一致性的信息结果，DSS信息不需要被监测流体与周围环境有温差。

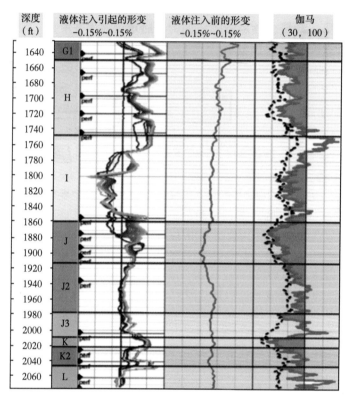

图 7-42　注水前后孔眼的形变

图7-42第4道中的红色曲线显示了液体注入之前测量的累积应变。在第3道中，显示了不同时刻的附加累积应变，因此使用第4道中的应变作为基线，测得在I层顶部的储层被压实。在H层和J层开始注入时，未射孔的区域I层显示出持续的压缩特征，H层的扩张速度减慢，H层以下的I层顶部开始扩张，表明液体向非射孔区域扩展。

第四节　示踪剂裂缝监测

一、示踪剂在油田的应用

1. 压裂完井示踪剂研究

伽马能谱测井的重大改进使得示踪技术在研究油气井完井方面，特别是水力压裂方面的应用大为增加。不仅可以使用多种示踪剂来区分作业过程中的不同组分或改造段，而且新的测井仪器还可以区分地层中的示踪剂和井内污染物，目前可以使用定向伽马测井确定注入示踪剂的裂缝的方位。示踪测井的进展促使示踪剂材料有了显著改进。水溶性液体示踪剂和固体颗粒示踪剂是常用的示踪剂类型，示踪剂可用于很多完井方法，包括支撑剂压裂、固井、砾石充填和酸化改造。在完井示踪剂研究中，示踪剂溶液或钻井液在使用小型计量泵进行完井作业时注入。施工过程中，要确保示踪剂浓度与被跟踪成分的浓度保持恒定，为此业内还专门设计了相对应的注入系统。

压裂施工设计通常需要规模庞大的数据，包括常规裸眼测井、声波—应力测井、套管井测井（水泥胶结测井和生产测井）、钻井和生产历史及地质数据（如岩心数据）的比较。然后将这些数据输入压裂模拟计算程序，该类程序主要基于三种类型的模型：二维裂缝模型、三维模型和拟三维模型。由于这些值的精度取决于用户输入数据的精度，并且通常将闭合应力等值输入"默认值"，因此建模有时不够充分。通常，因无法获得完整的岩石力学数据，大多数压裂设计使用较为简单的二维模型，需要对压裂裂缝的高度进行估计。示踪剂可有效地解决二维模型无法计算缝高、拟三维模型缝高单一、三维模型缝高不准确的问题。

近年来，除放射性示踪剂应用较广外，Ashish Kumar 等还提出了化学示踪剂用于探究裂缝与井筒的连通性，Kutbuddin Bhatia 等提出了非放射性示踪剂并在印度中部的 CSG 油田应用，示踪剂压裂监测技术日渐成熟，逐渐成为国内外压裂施工设计的强力助力。

2. 井间示踪剂研究

在油田生产过程中，生产者和油藏工程师偶尔会使用示踪剂来研究油藏内注入流体的流动。这类研究可获得有关储层内非均质程度的有价值信息，并可显著改善储量采收率，降低水淹和提高采收率操作成本。进行井间示踪剂测试时，会在注入过程中添加示踪剂，并对从邻近井定期采集的采出液样品进行示踪剂种类分析。虽然使用非放射性示踪剂有时是可行的，但放射性示踪剂的可探测性远大于化学品，由于质量要求所需的非放射性示踪剂通常是昂贵的，且对环境有害。井间示踪剂的配制使其能够通过储层输运，然后它们会被带回生产井的地面，但必须注意确保其不超过监管机构允许的最大允许浓度（MPC）。因此，注入的示踪剂浓度通常低于 MPC。

二、示踪剂压裂监测原理及应用案例

1. 示踪剂压裂监测原理

压裂示踪剂在分层（段）压裂过程中针对不同储层，选择不同种类、不同用量的指示剂，在分段压裂施工中，在混砂车上加入指示剂，跟随压裂液一同注入油气藏，在压裂液返排阶段对返排液进行计量、取样、提纯、分析和处理，通过测试指示剂的浓度，便可得到改造后各储层的产能贡献率、产液情况、指示剂回采率及裂缝状况等相关信息。对压裂后的返排液按取样计划定时计量取样，通过室内浓度检测，绘制产出浓度曲线，通过监测指示剂的注入与产出，得到指示剂产出曲线，经过处理器大量计算处理、模拟解释，给出储层产能的评价。

2. 示踪剂压裂监测应用案例

1）非放射性示踪技术应用

2016 年，某项目针对非常规油田 CSG 盆地的恰蒂斯加尔（Sohagpur）区块进行水力压裂，压裂过程中使用非放射性示踪剂完成对裂缝状态的预测。研究区块的每口井最多可涵盖 4~6 个地层，总厚度可达 6~32m，深度为 400~800m。

在 CSG 非常规增产案例中，确定裂缝高度和支撑剂充填质量至关重要。为了评估裂缝高度和支撑剂充填质量并最大程度地减少复杂的裂缝增长和破裂，CSG 盆地首次采用了独特且环保的高热中子俘获化合物（HTNCC）涂层支撑剂技术。

对裂缝的准确预测非常关键。利用温度测井来确定地层中的温度梯度，在压裂之后进行压裂后测井是裂缝监测技术之一。压裂中裂缝宽度的改变可能会妨碍温度测井的分析，因为流体进入这些区域会起到冷却作用，并且最大的温度异常应该与裂缝的最宽部分相对应。在这种情况下，压裂后的温度异常现象也可以表征裂缝高度增长，能获取裂缝高度的近似值。

使用放射性示踪剂勾勒裂缝平面图是另一种裂缝形态监测技术，在压裂液中使用一种同位素，在支撑剂中使用另一种同位素。测量井眼附近的流体和支撑剂位置将指示裂缝的高度。压裂后的伽马测井用于检测裂缝中的放射性示踪剂。伽马射线能谱仪可以测量多种同位素的计数率与深度的关系。温度和放射性测井探测深度较浅，其响应与产生的裂缝宽度成正比。与放射性相关的一些主要问题包括同位素半衰期和污染。

表 7-2　裂缝监测技术对比

■ 确定 ▨ 可能确定 □ 不能确定			评估能力						
类型	诊断	主要确定	长度	高度	宽度	方位角	倾角	体积	导流能力
间接	净压力分析	来自油藏描述的建模假设	▨	▨	▨	▨	▨	▨	
	试井	需要准确的渗透率和压力	▨	▨	▨	▨	▨	▨	
	生产分析	需要准确的渗透率和压力	▨	▨	▨	▨	▨	▨	
直接，近井	放射性示踪剂	有效距离仅为 1~2ft		▨	▨			▨	
	井温测井	岩石层的热导率使结果产生偏差		▨					
	HIT	对管柱内径的变化敏感							▨
	生产测井	仅能确定增产的区域		▨					
	裸眼成像测井	只能在裸眼井下入并获取信息				▨	▨		
	井下电视	主要获得有贡献的射孔信息							
	井径测井	适用于裸眼井，效果取决于井眼质量			▨				
直接，远井	微型变监测	分辨率随深度降低		▨		■	■	■	
	井下补偿微型变监测	分辨率随距离井眼距离增加而降低	■	▨	▨	▨	▨	▨	
	微地震监测	不适用于所有储层		▨		■		■	
	施工井测斜仪监测	裂缝长度通过高度和宽度计算							

增产措施：使用三维（3D）平面数值模型分析每层裂缝，然后将结果用于优化液体用量，并以最佳的施工排量与 4000lbf/ft 的支撑剂体积。然后在下一个压裂施工期间重新评估观察到的高度增长情况和支撑剂分布情况。这种非放射性示踪剂技术的应用在每个处理过程中增加了各个裂缝的有效裂缝长度，增加了支撑剂的导流能力及压裂压降。总体而

言，选择正确的诊断方法有助于提高对非常规 CSG 盆地的理解。

非放射性示踪剂（Non Radioactive Traceable，NRT）支撑剂的非放射性使该技术更具广泛适用性，因为它替代了在处理和处置回流支撑剂方面具有高度潜在环境、安全性和监管问题的放射性材料。在 CSG 盆地中使用 NRT 支撑剂进行诊断的建议如下：（1）NRT 日志记录：在压裂前后运行重复的日志，以消除可能的日志记录问题。建议使用既具有 sigma 模式又具有非弹性模式测量功能的脉冲中子测井进行更全面的分析；（2）对 NRT 支撑剂的数量：建议是将 100% 的 HTNCC 涂层支撑剂用于 NRT 整个处理过程，防止支撑剂不当分布；（3）NRT 支撑剂充填质量：CNT 建模数据指示检测器计数率，尤其是在砾石充填应用中，可用于评估相对充填质量；（4）模拟校准：从诊断中获得的裂缝高度几何形状通常与设计平台时的预期形状不同。在 CSG 应用中，裂缝高度通常比预期的高或低。根据 NRT 诊断程序，使用不同的扩展高度可以有效地模拟所有裂缝的支撑剂。需要通过在多个阶段对输入参数进行调整来最小化建模结果中的差异（裂缝几何形状和支撑剂浓度）；（5）水泥胶结和封隔：各层段之间的封隔，在获得所需的裂缝几何形状并获得更好的诊断解释方面发挥重要作用；（6）其他诊断：在 CSG 中，还有其他技术，例如微地震/测斜仪、NRT、温度测井和 DTS，有助于实现全面的水力压裂诊断。来自不同领域的所有数据都应一起分析，以更好地了解裂缝的几何形状。

为了解裂缝增长和几何形状，可以使用不同的诊断方法和一致的模拟模型获得完整的信息。裂缝几何形状的控制对于设计处理方法至关重要，这些数据可用于校正裂缝模拟器，通过改变不同的流体体系、施工排量、支撑剂浓度和用液量来预测相似油气井的增产情况，该信息有助于增进对裂缝位置和性能研究。

2）利用化学示踪剂排液数据诊断裂缝—井筒连通性

2018 年，得克萨斯大学的研究者 Ashish Kumar 进行了利用化学示踪剂排液数据诊断裂缝—井筒连通性的研究。

最常见的裂缝诊断方法是微地震、测斜仪、试井、生产测井、温度测井、放射性示踪剂、化学示踪剂和水锤测量。这些诊断方法中的每一种都有其固有的优点和局限性。测斜仪和微地震测绘可提供有关裂缝网络尺寸和范围的信息，但不能提供有关裂缝导流能力和裂缝与井眼的连通性信息。流体和示踪剂的传输主要由开放裂缝和连通裂缝及它们与井筒的连接程度决定，这些都反映在示踪剂响应曲线中。化学示踪剂回流分析可以用作替代性裂缝诊断方法，以扩展或补充传统诊断工具。

页岩气水力压裂井中的典型现场示踪剂测试显示出非常复杂的示踪剂响应曲线（图7-43）。在示踪剂回流测试中未观察到统一的趋势。在返排或生产过程中，有几段的示踪剂浓度可忽略不计，这意味着这些段对返排或生产的作用很小。

在分析多段压裂井产能时，关键在于研究水力压裂网络与井眼的连通性。在这项工作中，提出了一种基于示踪剂返排的方法，以估算已创建裂缝网络中的开放连通裂缝区域。使用有效的模型来模拟示踪剂注入和来自复杂裂缝网络的回流。使用 Barton-Bandis 裂缝闭合模型对由于地质力学作用造成的无支撑裂缝闭合进行了建模；再进行敏感性分析，以量化裂缝闭合对示踪剂响应曲线、示踪剂采收率和油气产量的影响。这项研究得出的重要结论如下：（1）示踪剂响应曲线中的多个峰值可以通过回流过程中无支撑裂缝的闭合来解

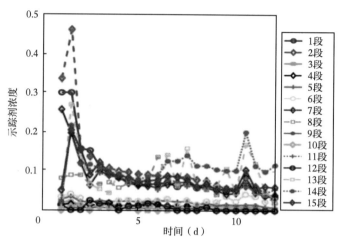

图 7-43　15 段多级压裂井示踪剂响应曲线

释；（2）示踪剂的采收率和峰值数量可以帮助确定所形成裂缝区域的开启部分及与井眼相连的比例；（3）早期峰与井眼附近发生的裂缝闭合有关。由于示踪剂从裂缝中倒流，因此发现了较晚的峰值，裂缝通过无支撑裂缝与井眼相连；早期峰值以下的面积与所产生的与井眼成良好水力连通性的裂缝面积的比例直接相关；以后峰值以下的面积与仅通过诱导的无支撑裂缝与井眼相连的裂缝面积有关。这些峰值的时间与无支撑裂缝的导流能力有关；示踪剂采收率低可以解释为封闭了诱导的无支撑裂缝和储层中初始水饱和度低；某个阶段的产量与该阶段的示踪剂回收率成正比。这可以帮助将某压裂段的生产能力与来自多段压裂井的总流量进行比较。

　　3）蒙大拿州里奇兰县的水平井利用放射性示踪剂提高压裂效率

　　通过示例可以最好地演示使用和分析或 RA 示踪剂日志。图 7-44 是一口利用 RA 示踪剂测井解释结果，该井利用 RA 示踪剂比较了裸眼滑套封隔器与桥塞射孔联作（PNP）的多段压裂方法。图 7-44 显示了井的横截面，上方的图表示第一次完井的尝试。黄色、蓝色和红色响应反映了 RA 示踪剂在不同压裂段的光谱对数。上面的图中的空白部分表示并非所有孔眼中都有支撑剂。在后续施工中使用了可靠的分段方法，完成更改后制作的 RA 示踪剂表明改造的段更多。这是使用 RA 示踪剂来提高完井效率的一个示例。

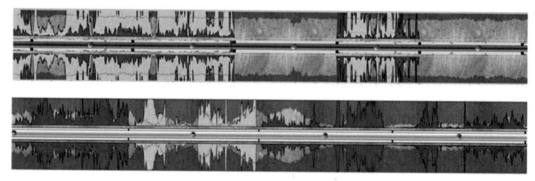

图 7-44　在多级水力压裂井中使用 RA 示踪剂的实例

在蒙大拿州里奇兰县的水平井进行的重复压裂处理中也使用了 RA 示踪剂。2003 年，压裂工程师在最初完成时就运行了 RA 示踪剂。该示踪剂显示出较长的未支撑井段，尤其是在根部。压裂工程师决定尝试再压裂该井，利用重复完井技术进行二次完井。在重复压裂中使用 RA 示踪剂以确定重复压裂井段的位置。图 7-45 是示踪剂记录，在底部显示了首次压裂处理结果，在顶部显示了重新压裂的处理结果。基于该处理方法，除了初始的筛管井眼之外，所有井眼都进行了压裂处理。估计的最终采收率（EUR）增加了 1300000bbl 以上。

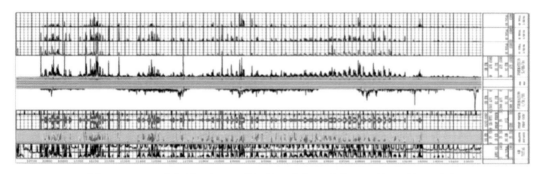

图 7-45　RA 示踪剂日志，比较初始（底部）响应和压裂（顶部）响应

第五节　产出剖面裂缝监测

在生产井正常生产条件下，测量各生产层或层段沿井深纵向分布的产出量，称为产出剖面测井。产出剖面测井动态监测贯穿于油气田开发的全过程，提供重要的储层动用信息，识别高含水层，了解油气井的生产状态，为开发方案的编制和调整及堵水、压裂、补孔等油气层改造和增产措施提供重要依据，是精细油藏描述、确定剩余油气动态变化的基础资料。

产出剖面测井技术是页岩气井生产动态监测及压裂后评估的有效方法，能够认识压裂层段产出、返排规律，了解井下生产动态情况，为完井和生产优化提供依据。为了适应油田需要，国内外各大测井公司不断研发新的测井仪器以满足生产需求。目前应用较多的是 Sondex 公司研发的七参数生产测井组合仪和斯伦贝谢公司的 PS Platform 平台及流动扫描成像测井仪（FSI）。

一、国外主要的产出剖面测井技术

1. Sondex 生产测井组合仪（PLT）

Sondex 生产测井组合仪的种类很多，从传输方式上可分为存储式和遥测式；从仪器结构和用途上分为常规组合系列、短组合系列、高温高压系列、水平井专用仪器。国内引进的主要为短组合系列，仪器系列主要包括遥传短节（XTU）、电缆张力（HTU）、压力磁定位（QPC）、自然伽马（PGR）、流体密度（FDR）、持气率（GHT）、持水井温流量电子线路短接（CTF），根据井况不同可以更换不同的流量计，包括笼式全井眼流量计（CFBM）、连续流量计（CFSM）、宝石流量计（CFJM）、在线涡轮流量计（ILS）。

PLT 测井仪器用于产出（产液、产气）剖面和注入剖面测井，尤其是在产气剖面的分层测试井中，具有无法替代的作用。该仪器的测量参数包括流量（涡轮）、持水率（电容）、电缆测速、磁性定位、自然伽马、井温、压力、密度（压差、放射性）、持气率和井斜角，由于这些参数的测量是不同的仪器短节组合而成，可根据井况选择测试需要的参数。测井过程中，为保证测量结果准确，测井施工分别采用连续测量和点测两种方式。连续测量是以不同的测速录取不少于 8 条合格的流量曲线（上测 4 条、下测 4 条），这种方法可以在井内条件下对流量进行现场刻度。推荐采用 30ft/min、60ft/min、90ft/min、120ft/min 标准测速分别获得上测 4 条、下测 4 条合格的涡轮连续测井曲线。测速也可视具体产液情况进行调整，但要求测速间隔应大于 30ft/min。测井过程中注意保持测速稳定。PLT 测井资料解释中进行涡轮电缆交会分析同时结合流体类型校正，求准涡轮流量计转速与电缆速度的关系曲线，运行 PVT 参数换算功能求取各相产量。最后根据选择的解释方法对资料进行全井段解释，得到分层分相的产量，并生成产出剖面。

2. 阵列式电容测井仪器（CAT）

该仪器是 Sondex 公司为水平井及大斜度井特别设计的新一代流体识别测井仪器。它包含有 12 个电容传感器可分布于井眼周围［图 7-46（a）］，每个传感器都由一个类似于井径测量臂的臂支撑。图 7-46（b）是在水平模拟井内使用 CAT 仪器记录和解释出的三维成像成果图。

 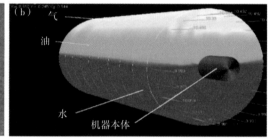

图 7-46 阵列电容测井仪器及测井结果

3. 斯伦贝谢 PS Platform 平台

斯伦贝谢的 PS Platform 仪器串集成了全井眼转子流量计、X-Y 井径仪和局部探测器，平均速度、井径、井眼几何形状和持水率能按需求独立测量，以计算各相的流速。仪器串外径 1.7in（GHOST 例外，1.6875in），耐温 150℃，耐压 103MPa，适用井斜角范围 0°~100°。PS Platform 平台最具特色的是 FloVie1w 成像仪和 GHOST 持气率仪，FloVie1w 直接确定持水率、计泡计测量给出一个简单的烃流速估算和识别流体进入点。Gradiomanometer 的设计在高产井中使喷射影响被减至最小、摩擦效应被补偿。高分辨率 CQG 晶体石英仪、蓝宝石应变压力仪或附加的石英仪为剖面测量或试井提供了灵活性。PS Platform 平台的应用包括水、油和气进入点的准确识别，精确的两相和三相流剖面确定，在水平井、大斜度井和直井中生产测井，在地面空间有限或需高空装配的井中测井。

FloView 是最早应用于生产测井流动成像的持率测量探头，测量原理如图 7-47 所示，被应用于 PFCS、DEFT（径向井眼流体成像仪，4 个探头）、FSI 等流动成像仪器。适用于

含腐蚀性气体 H_2S 的井层，可测量井底重质相（井中水）的百分比，确定持水率、液流中轻质相（油、气）气泡计数率，确定流速、油的流向及测量井径的变化。

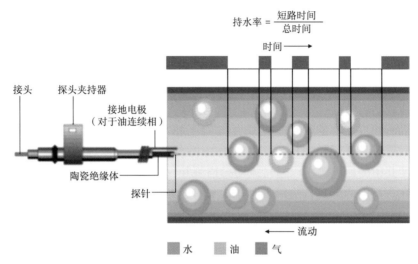

$$持水率 = \frac{短路时间}{总时间}$$

时间 ——▶

接头　探头夹持器

接地电极
（对于油连续相）

陶瓷绝缘体

探针

流动 ◀——

■ 水　　■ 油　　■ 气

∧电探头的工作原理，FloView探头有一个与接地电极隔离开的探针。当其周围为导电介质（如水）时，有电流流过，当探针遇到气或油时，电路短路。根据电路接通的时间计算出持水率

图 7-47　FloView 测量原理

　　GHOST 利用油、气、水对入射光线分别有不同的反射率，其中气的反射率最高，水次之，油的反射最低，通过反射光的强弱可以识别分散相泡，尤其是气泡，根据单位时间内测到某相泡的多少测定持率。4 个探针分别安装在仪器的 4 个扶正臂上，可在斜井或水平井条件下对气泡进行探测，确定持气率、气液中的气泡计数、平均井径及相对方位。GHOST 与电法流动成像传感器 FloView 协同工作，可以更好地给出流动截面上油、气、水的分布，二者可配到生产测井快速平台 PS 上进行测井。

　　DEFT、LIFT 和 FlowView 在中东地区、北海地区、阿拉斯加北部斜坡和印度尼西亚的一些油田中进行了测井服务。测井实例表明，无论在垂直井中还是在水平井中，这些类型的仪器都可以提供精确的两相（油水或气水）流体持率和井截面上各相的图像显示。

4. 斯伦贝谢流动扫描成像测井仪（Flow Scanner）

　　在井斜角大于 30° 的斜井及水平井中，多相流井下流态变得复杂，存在分层流、循环流等，各相速度和持率在井筒横截面上差异较大，居中测量的传统生产测井仪器将不再适用。流动扫描成像测井仪具有 5 个微转子和 6 对光学、电阻探针，测量分层的流速和三相持率，测量的是同一段流体，提高了测量精度。该仪器既可以上测也可以下测，每个转子结合光学及电阻探针，准确描述井筒内的流体流动，得到精细的产液剖面资料。

　　流动扫描成像测井仪一次下井可测量温度、压力、自然伽马、流体流速、三相持率，最终解释成果为产液剖面和分层产液量，特别针对大斜度井及水平井的测量。温度传感器由对温度有较灵敏反应的金属铂电阻组成，电阻阻值与温度有线性对应关系，通过记录金属铂电阻的阻值变化，可得到温度曲线。微差温度是固定深度间距的温度差值。压力计采用应变式压力传感器，压力传感器硅片上由四个压敏电阻组成桥式电路，桥式电路输出端

电压与所受压力成正比，通过记录输出端电压的变化可得到压力曲线。相速度测量使用垂直于井轴方向分布的 5 个微转子（minispinner），直接测量气相速度。电动短节扫描转子流量计，精确测定相速度。持水率测量使用垂直于井轴方向分布的 6 个 FloView* 电子探针，根据水与烃的导电性能差异，使用电动短节扫描各探针，精确测定低速水和烃。持气率测量使用垂直于井轴方向分布的 6 个 GHOST* 光学探针，根据气体与液体的反射率差异，使用电动短节扫描各探针，精确测定低速气与液体。

流动扫描成像测井适用于总产液量大于 $30m^3/d$（5.5in 套管）的套管射孔、割缝/防砂筛管井。适用于自喷井、气举井，ESP 井需配接 Y 形接头。

流动扫描测井仪主要是测量非直井（大斜度和水平井）的多相流（气、油、水）产液剖面。可以通过测井资料解释出多相流井中的气体或者液体进入点或者气井中的出水点。在大斜度井中的回流也可以通过流动扫描测井仪看出。流动扫描成像测井仪可以实时给出三相流在井筒内的分布，适用于老井找水和新井产能评估或水平井多级压裂后评估。

二、产出剖面压裂效果评价实例

在非常规油藏中，建立单井产量、总产量曲线及最终采收率的估算是一个十分重要的过程。主要有四种基本方法：（1）递减曲线经验分析（DCA），如多段 Arps、修正的拉伸指数产量递减（YM-SEPD）模型、Duong 方法和幂律方法；（2）速率瞬态分析（RTA），可包括对特殊动力学机制（如应力敏感性、多相流、吸附/解吸）的校正；（3）历史拟合与正演模拟的数值模拟；（4）根据地质数据，从体积上确定就地资源量，然后应用适合储层系统和枯竭方案的采收率。

比较和对比了加拿大西部沉积盆地（WCSB）和美国非常规（油气）区带（巴肯、巴内特、卡多明、鹰滩和尼奥巴拉）的各种现场案例的 DCA 方法。根据数据质量和生产历史选择数据集，增加 DCA 方法评估的可信度。通过后向分析验证了结果和结论。通过对不同类型储层中的多口井的分析，提出了一种新的工作流程（方法），并通过后推演进行了验证，该方法允许基于各种经验方法，实际而准确地调节 EUR。

根据以上分析，利用经验递减曲线分析（DCA）方法进行分析时，使用的模型都需要进行双曲递减的修正，如图 7-48 所示。

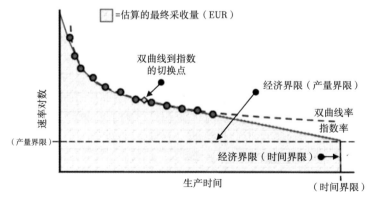

图 7-48　修正双曲递减

得到结论：（1）当应用 SEPD 方法分析生产历史时，只应使用专业绘图上直线上的时间段的数据来确定 SEPD 参数（图 7-49）。否则，分析过程实际上并没有应用 SEPD 模型，预测结果可能非常不准确。

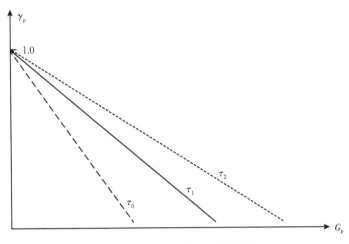

图 7-49 SEPD 参数专用图版

（2）当流态为 BDF 时，利用最新生产数据确定 Duong 模型中的参数可以进行合理的预测。当流动状态为瞬时线性流时，Duong 的模型预测的产量曲线和采收率是非常确定的；但 Duong 的双曲线模型能够进行保守的预测。当流量超过初始瞬时线性流量时，Duong 模型预测产量剖面和 EUR 的确定性较低；然而，Duong 的双曲线模型生成了一个保守但更合理的高确定性预测结果（图 7-50）。

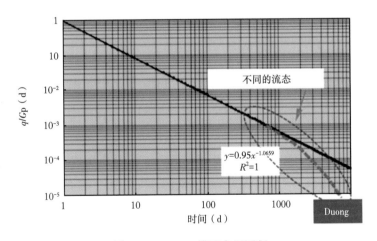

图 7-50 Duong 模型专用图版

基于此开发了一个工作流程，以根据所讨论的经验方法协调 EUR 和生产概况。具体步骤如下：

（1）如果压力数据可用，评估生产数据的可行性并验证数据的相关性。

（2）使用标准化流量和压力导数（当流动压力数据可用时）或简单的测试产量与时

间曲线图（当流动压力数据不可用）确定流动状态。

（3）将前面讨论的经验方法应用于产量和采收率预测：①使用最新数据计算递减率；②利用最近的生产数据，找出 Duong 的参数和预测直线；③使用 YM-SEPD 专用图上的直线数据来确定 SEPD 模型参数；④根据观测数据或预先选定的最小递减率（D_{lim}）估算 Duong's+双曲线和 YM-SEPD+双曲线模型从瞬态线性流到 BDF 的转换时间，或从 RTA/压力瞬态分析（PTA）中选择切换时间；⑤使用适用于当前储层的 BDF 的 b 值。

（4）使用中点方法生成一个分布图，用于根据可用的 EUR 和生产曲线确定 P_{90}、P_{10}、P_{50} 和 P_{mean} 值。

（5）根据 EUR 的累积分布函数图计算 P_{10}/P_{90}。从目前的研究来看，在早期瞬态线性流后，它大多在 1.0~2.0 之间。如果不在这个范围内，找出异常点，以确定它适合哪一个经验方法或选择一个更合适的转换时间。

（6）总结经验修正错误后重复步骤（4）。

（7）将生产数据分析（PDA）和数值模型中的 EUR 和产量预测添加到步骤（4）中的经验模型中。

（8）根据每种方法预测的确定性（或不确定性），确定 P_{90} 和 P_{50} 的预测值。

该工作流程在巴肯、巴内特、鹰滩、卡多明、尼奥巴拉和狼营地层进行了测试。该测试的结果为：

（1）第一年的 P_{50-EUR} 和 $P_{mean-EUR}$ 值通常比较保守。

（2）当流态接近 BDF 时，P_{50-EUR} 和 $P_{mean-EUR}$ 的估计值接近实际值。

（3）P_{10}/P_{90} 值在流型从瞬态线性流过渡到 BDF 时减小，在 BDF 中最终接近 1.0。

（4）当所有的生产历史都是瞬态线性流而不是过渡到 BDF 时，Duong's 和 Duong's+双曲线模型及双曲线模型和修正双曲线模型之间的 EUR 差异更大，而 YM-SEPD 和 YM-SEPD+双曲线模型之间的 EUR 差异最大。

（5）如果第二年拟合的 $P_{mean-EUR}$ 小于第一年的 P_{mean}，并且 P_{10}/P_{90} 小于第一年的值，那么 EUR 来自模拟储层改造体积（SRV），可能会出现复合线性流。在这种情况下，Duong's 和 Duong's+双曲线模型的 EUR 非常接近，YM-SEPD 和 YM-SEPD+双曲线模型的 EUR 也很接近。

第八章　重复压裂技术

页岩气重复压裂技术一般用于初次压裂有效性失效后造成气体产量严重降低时，或是由于支撑剂在长期的生产中发生损坏，导致压裂效果无法得到有效保证，需要重新对气井进行再次压裂增产时使用。重复压裂技术主要以重新取向或是再次打开裂缝的方式进行增产。

第一节　重复压裂工艺

一、暂堵压裂工艺

页岩气水平井分段多簇压裂时使用转向剂的目的是确保每个射孔簇都能够获得充分改造，均衡地获得压裂液和支撑剂，暂堵压裂也是页岩气重复压裂使用较广且较多的工艺技术。

工程师在进行暂堵方案设计时必须要考虑很多设计准则。最需要考虑的是什么时候投转向剂和投多少转向剂。通常页岩气水平井暂堵重复压裂中，先注50%的压裂液，投转向剂，再注剩余50%的压裂液；也有的是先注三分之二的压裂液，投转向剂，再注剩余的三分之一压裂液。如果工程师掌握整个水平段的地质力学性质，就可以预测哪些簇最可能吸液，在多大压力下吸液；然后，可以利用这个信息预测哪些簇在投转向剂前吸液，预测需要什么条件才能使剩余射孔簇在投转向剂后吸液；可以利用这些信息将射孔簇移动到有利于转向剂应用的区域。另一个考虑因素是转向剂的加入量，没有水力压裂施工的实时监测，在投转向剂前辨别有多少射孔簇吸液在非常困难的。因此，当水平段的岩石特征在变化的情况下，一成不变的转向剂加入推荐标准是不适用的。

二、双重套管重复压裂工艺

双重套管重复压裂，即在现有井筒内固定一个新的、更小的套管，并通过射孔进行压裂改造。双重套管重复压裂技术通过封隔现有射孔，增加新裂缝开启和延伸的概率，解决了暂堵转向处理中遇到的问题。该技术设计灵活，而且不受现有套管完整性差的限制。

双重套管重复压裂技术的难点在于固井作业及实施，重复压裂管柱最终选择的取决因素为原始井筒设计。页岩气田由多个作业者开发，所以有不同的井身结构。重复压裂时新井筒设计的目标之一是允许新井筒中可能的最大套管内径，以满足提高施工排量。一旦下入套管，套管需要固井，水泥凝固后，进行重复压裂。可以在重复压裂完井之前进行水泥固井测井，以验证固井质量。水泥用量和余量的计算采用之前水泥固井处理时的类似方法。双重套管作业中水泥的余量为计算量的0~25%。固井段顶部用水泥固井测井，验证固井合格率；同时对随后的设计余量进行必要的调整。在固井作业前，应在水泥注入开始之前用设计的泵入速率对井筒进行彻底的循环。虽然双重套管压裂环境不需要井筒清洁和去除钻井液，但循环有助于清除下入套管时可能进入的碎屑。

成功安装新的套管之后，使用桥塞—射孔操作进行压裂施工，恢复了重新增产设计的灵活性。但是新的套管柱内径较小、摩阻增加，压裂排量受到限制。压裂钻塞投产，较小尺寸的套管具有较小的环空间隙，循环出铣削后的桥塞、压裂砂和碎屑比较困难，使钻塞过程变得复杂。

第二节　重复压裂设计

一、页岩气重复压裂选井

北美地区页岩气重复压裂选井考虑的主要因素包括目标井识别、储层品质、井眼与完井、井距和储层枯竭程度等。

1. 目标井识别

目标井识别通常需要特定的方法，不同区域的老井通过筛选决定哪些井处于其日产量或月产量的经济极限，然后将这些井在分布直方图上进行对比。以伍德福德页岩气老井重复压裂为例，图8-1是累计产气量和当前气产量直方图，位于分布图下端的井被排除，以消除可能的低品质储层，位于分布图上端的井也被排除，以消除高采出程度的井，重点集中在平均分布的井。

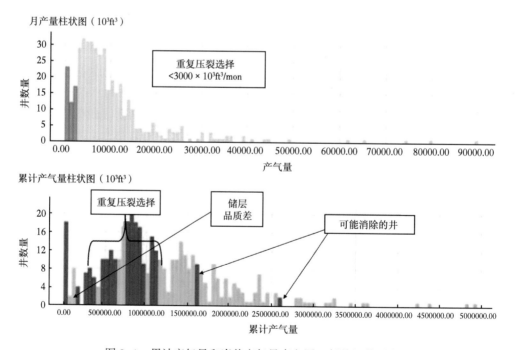

图8-1　累计产气量和当前产气量直方图（伍德福德页岩）

2. 储层品质

储层品质参数主要包括产层厚度、渗透率、孔隙度、含水饱和度、井底压力梯度和井底流动压力梯度等，以确保重复改造区域是有利区域，而不是边缘区域。各参数推荐范围如下：

（1）高度大于 100ft；

（2）孔隙度大于 4%；

（3）含水饱和度小于 40%；

（4）渗透率大于 0.0001mD；

（5）井底流动压力梯度大于 0.2psi/ft；

（6）井底压力梯度大于 0.4psi/ft。

3. 井眼与完井

储层品质评估过后，研究初始完井参数，以检查关键指标因素。井眼与完井参数包括水平段长度、压裂段数、段长、簇数、簇间距、支撑剂用量、压裂液用量、初始完井段占比等。各参数推荐范围如下：

（1）水平段长度大于 1000ft；

（2）压裂段数小于 15；

（3）段长大于 300ft；

（4）每段簇数小于 5；

（5）簇间距大于 100ft；

（6）支撑剂用量小于 2000lb/ft；

（7）压裂液用量小于 2000gal/ft；

（8）初始完井段占比小于 100%。

4. 井距和枯竭

封井、干扰和枯竭的风险使用下面的标准进行评估：

（1）单井在所选区块中是最好的；

（2）井距应大于 800ft 或者每区块少于 8 口井；

（3）出现较少数量的天然断层；

（4）累计产量应少于 $3.0 \times 10^9 ft^3$。

套管完整性是一个最重要的因素，如果套管不能承受重复压裂的压力，这口井就应该从重复压裂的井中排除。French 等提供了一个详细的套管完整性测试方法，考虑使用油管或连续油管重复压裂，但是重复压裂过程中支撑剂回流的风险排除了大多数的目标井。插入尾管到水平井水平段、使用化学胶塞、双重套管来进行重复压裂的方式越来越受到欢迎。

一个区域完成一定数量的重复压裂井后，再分析原始完井方式对重复压裂效果的影响，对重复压裂选井参数进一步优化。图 8-2 是原始完井参数对重复压裂后产能的影响关系图，所有四个指标都显示不同的初次完井参数和重新压裂产能之间没有很强的相关性，这很可能是完井方式的大幅度变化和数据本身的原因。原始簇间距小于 60ft 的井数据占 85%，认为完井当时处于较低水平。重复压裂生产结果的显著差异发生在簇间距小于 50ft 的井组中。

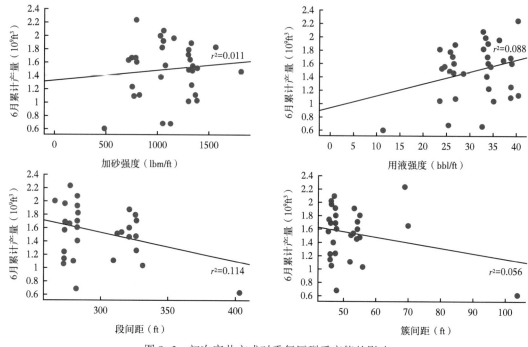

图 8-2　初次完井方式对重复压裂后产能的影响

二、重复压裂设计

页岩气重复压裂设计需要考虑以下两个因素：一是补偿井的间距；二是在重复压裂前，生产阶段所建立的孔隙压力分布。生产井生产过程中，低压区域可能会延伸，甚至延伸至重复压裂井的邻井泄流区域。页岩气井重复压裂设计通常需要考虑井组，建立井组重复压裂模型。

1. 重复压裂建模流程

页岩气井组重复压裂建模流程包括以下四个阶段，工作流程图如图 8-3 所示。

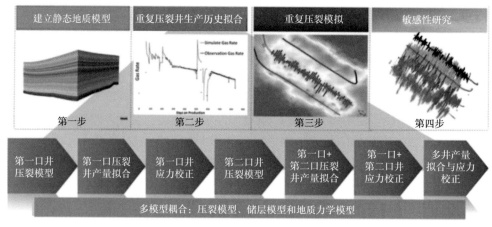

图 8-3　井组重复压裂增产研究工作流程

1）建立静态地质模型

地质模型需要重复压裂井或邻井的岩石物理性质和力学参数等资料，还需要将老井的压裂施工与微地震监测数据进行历史拟合，以更好地校正地质模型。静态地质模型是建模研究的基础。

2）重复压裂井生产历史拟合

这一步骤是重复压裂建模工作流程的核心部分，它是一种综合了复杂水力压裂模型、地质力学模型和多井生产模拟模型的多学科方法。在此过程中，将模拟的三维储层压力和地质力学模型耦合起来，得到由于储层枯竭导致的地应力大小和方向的变化。如果井组不是同时期压裂，为同时满足地质力学性质变化和储层压力枯竭的模拟，必须分别进行若干次历史拟合。

3）重复压裂模拟

利用实际重复压裂井校准重复压裂工作流程，以确定对研究井组的敏感度。为了对实际上重新压裂后的井进行建模，首先必须对该井及其邻井重复压裂前的生产历史进行拟合，以便在重新压裂之前获得储层能量/衰竭和相关的应力变化信息。完成重复压裂前的生产历史拟合后，再进行重复压裂后的生产历史拟合。

4）敏感性研究

将经过验证的重复压裂建模方法应用到原始研究井组，进行几次敏感度模拟，以了解重复压裂井的最佳数量（对一口井还是对井组的所有井进行重复压裂）、重复压裂井的顺序、重复压裂作业规模、重复压裂的时间及重复压裂水平井的波及范围。

2. 重复压裂建模方法设计

重复压裂建模是基于重复压裂前的孔隙压力和应力状态，根据生产井造成的储层压力衰竭的情况，重新计算地应力。建模之前进行生产历史拟合，完成井的生产历史拟合后，考虑压力和应力的枯竭效应，更新地质力学模型和应力变化。如图 8-4 所示，底部的蓝色

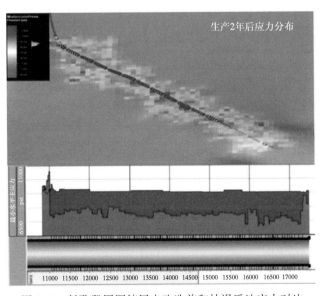

图 8-4　射孔段周围储层未改造前和枯竭后地应力对比

值显示了原始储层在增产措施及生产开始之前的初始最小应力值，红色值表示生产历史之后更新的应力剖面。可以观察到，随着生产时间推移，沿水平分支方向的最小应力存在较大的变化。

重复压裂建模设计方法是围绕新应力的计算而开展的，并基于一些基本假设，这些假设有助于创建统一的可应用于其他重复压裂的模拟方法。主要假设如下：

（1）重复压裂施工过程中，水力裂缝首先在应力最低的簇段开始扩展；

（2）由于在没有任何诊断的情况下，很难识别重复压裂水平井段的改造范围，必须做出另一个假设，即使用化学转向剂可以有效增加水平井段的改造范围。作为压裂起点，理想的假设是整个井筒周围都可以均匀改造。然后，运行其他假设条件，来了解重复压裂施工受哪些因素影响无法实现水平井段的全部改造。

（3）假设所有簇（段）均流入等量的流体，即所有簇（段）均采用相同的重复压裂设计。这可能与事实不符，但在模拟中是一个很好的开端。

重复压裂建模首先将新计算的最小应力沿水平段排列，如图8-5所示，图8-5（a）显示了沿着水平井筒每个簇（段）更新后的最小应力值，图8-5（b）显示了应力值从低到高的重新排列结果。然后将总簇（段）数除以重复压裂泵送的阶段数，例如，如果有20个重复压裂段，那么总簇（段）数除以20，得到重复压裂时每个段改造的簇数（假设每个簇进入的流体量相同）。然后，根据实际重复压裂施工时的泵注程序，进行逐级模拟。第1段将压裂应力最低的簇（段），然后逐级到第20段，最后压裂的是应力最高的簇（段）。考虑到前一压裂段引起应力变化的影响，模型还包括前一段的应力阴影影响。图8-6显示了在四口井组上得到的重复压裂模拟结果，可以观察到，由于储层枯竭区域应力和压力较低，大多数重复压裂裂缝都集中在该区域。

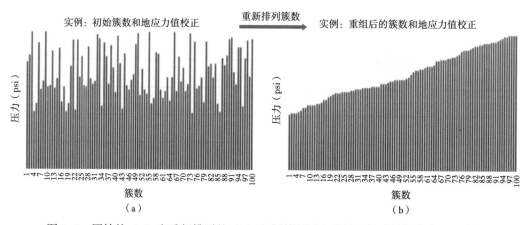

图8-5 原始的（a）和重新排列的（b）根据储层压力枯竭更新后的最小水平地应力

完成重复压裂建模后，进行生产历史拟合，校正重复压裂模型。图8-7显示了采用这种方法进行重复压裂后的生产历史拟合。采用BHP压力控制方式来进行日产气量的拟合。在一口实际上重复压裂的井上获得良好的生产历史拟合，为预测整个井组的不同重复压裂情况提供了更精确的模型。

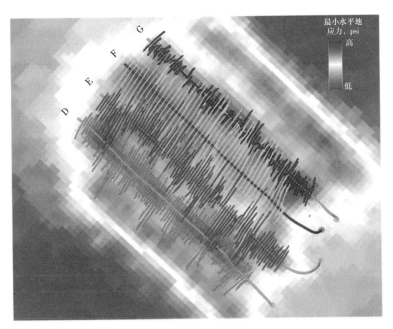

图 8-6　重复压裂模拟结果

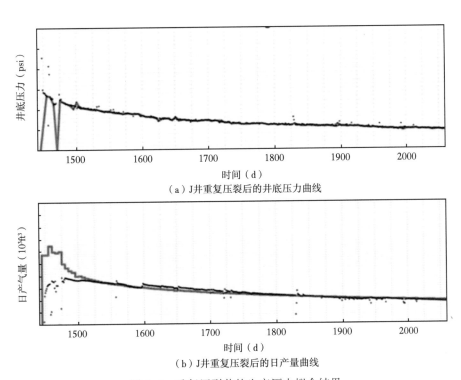

（a）J井重复压裂后的井底压力曲线

（b）J井重复压裂后的日产量曲线

图 8-7　重复压裂井的生产历史拟合结果

3. 重复压裂设计步骤

重复压裂设计通常是量身定制的，重复压裂的产量应该提高，且增加的结果根据模型是可以预测的。为了完成这个目标，重复压裂设计应基于气藏特点进行优化，暂堵或分段的压裂方法应该优化，且采用微地震帮助实施监测压裂改造。图8-8是重复压裂设计步骤。

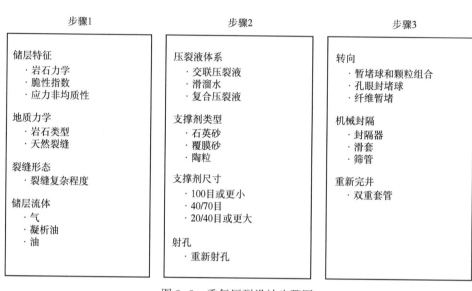

图 8-8 重复压裂设计步骤图

1）储层特征

了解储层特征是设计重复压裂改造最重要的部分，了解岩石力学、地质力学、裂缝形态和储层流体将有助于选择合适的压裂改造液体、支撑剂和射孔方案。如果重复压裂目标井或者邻井可用，结合井眼成像和岩心分析就可以了解地质力学，包括岩性和地层岩石力学特征。声波测井也可用来帮助评价沿水平井眼的地层岩石各向异性和脆性，当沿水平段进行补孔时，地层各向异性和脆性评价是很有帮助的。基于更好的岩石特性，射孔方案可以限制在那些高潜能的区域。

2）压裂液和支撑剂

压裂液类型的选择基于地层特性，并考虑无量纲裂缝导流能力和裂缝复杂性，以实现最大化产量的需求。地层塑性越强，地应力各向异性越高，裂缝导流能力就越是油气生产的主要驱动力，复合压裂液携带支撑剂的能力较强，适用于塑性地层。地层越脆、地层各向异性越低，要将裂缝复杂性变为产量驱动力，就需要低黏度液体来携带支撑剂支撑次生裂缝网络。普遍认可的是，滑溜水是有利于携带支撑剂到次生裂缝的液体。

支撑剂选择基于地层特点进行优化。脆性页岩气储层压裂过程中形成的复杂缝通过较小的支撑剂来支撑，例如100目砂（70~140目）。地层塑性越强，压裂缝就越平面化，有效改造需要更大粒径的支撑剂、更高的支撑剂浓度，在塑性地层中制造较小的裂缝网络需要主裂缝具有较高的导流能力。

3）分段方法

重复压裂改造过程中全井段的改造可以通过不同形式的机械封隔（如封隔器和阀）或转向剂来完成。如果重复压裂使用滑溜水和较大尺寸的支撑剂，应该考虑机械封隔，以达到更加全面的井段改造。转向剂是最经济有效的封隔射孔的方法，可以改造整个水平段。大部分重复压裂井是压力枯竭的，如果压力枯竭问题未被很好地解决的话，这些压力枯竭区域将会吸收大部分的重复改造能量。采用封隔技术可以把压力枯竭区域从整个改造段中隔离开来，以此提高改造的覆盖程度。

4）实施诊断

目前的实施监测技术不仅是监测施工压力和排量，有些实时监测技术对重复压裂改造也是非常有用的，如微地震监测。通过监测改造过程中的微地震波，可用来分析裂缝形态以及储层封隔情况。使用微地震，可以获得储层改造程度及改造面积。图 8-9 是同一口井初次完井和重复压裂的微地震事件图。微地震可以结合 DTS 传感技术使用，DTS 传感技术利用光纤来诊断井眼中的温度变化。微地震和 DTS 光纤的结合可以更好地评估改造路径及可能影响改造路径的地层特性。使用 MSM 传感技术和 DTS 传感技术的实例如图 8-10 所示。

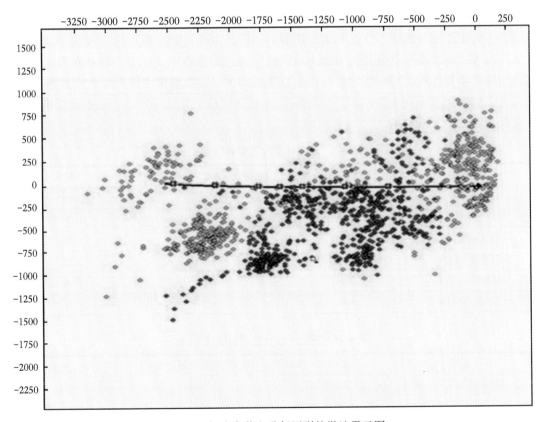

图 8-9 初次完井和重复压裂的微地震云图
（单位为 ft，首次裂缝为黄色，重复压裂为红色）

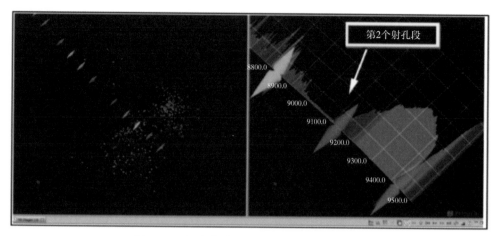

图 8-10　初次完井和重复压裂的微地震云图

第三节　重复压裂应用情况

表 8-1 和表 8-2 是北美地区页岩气井重复压裂成功的资本支出、运营成本和开采成本对比表。对于新钻井的资本支出和重复压裂的运营成本进行归一化处理，做法是把工程累计支出或者累计增加产量分开。对于一口新的气井，如果资本支出是 3000000 美元，工程累计气量是 $4.0 \times 10^9 ft^3$，则开采成本是 0.75 美元/$10^3 ft^3$。如果重复压裂运营成本是 500000 美元，工程累计产量是 $0.8 \times 10^9 ft^3$，则采收成本是 0.625 美元/$10^3 ft^3$。重复压裂开采成本普遍低于新钻井开采成本。

表 8-1　新钻井完井费用和项目 EUR

区域	项目 EUR（$10^9 ft^3$）	新钻井完井费用（美元）	开采成本（美元/$10^3 ft^3$）
巴内特直井	1.0	1.0	1.00
巴内特水平井	3.5	3.5	1.00
海恩斯维尔	7.0	9.0	1.28
伍德福德 SE OK	4.0	5.0	1.25
伍德福德 CANA	8.0	8.0	1.00
伍德福德 SCOOP	8.0	9.0	1.12

表 8-2　重复压裂井费用和项目 EUR

区域	项目 EUR（$10^9 ft^3$）	新钻井完井费用（美元）	开采成本（美元/$10^3 ft^3$）
巴内特直井重复压裂	0.8	0.6	0.75
巴内特水平井重复压裂	0.8~1.5	1.0	0.66~1.25
海恩斯维尔重复压裂	2.1	1.9	0.90
伍德福德 SE OK	0.8~3.0	1.0~2.5	0.83~1.25

一、暂堵转向重复压裂实例

巴内特页岩气井通常第一年的递减率是 50%，一般在生产 5 年左右进行重复压裂，通过重复压裂提高单井产量和 EUR。重复压裂的综合方法包括复合压裂液、无工具的裂缝转向技术和微地震实时监测。

转向液是包含多种成分的混合液，含有暂时堵塞裂缝、使液体流动转向和在原地及井筒附近诱导产生新裂缝的可降解材料。压裂期间实时诊断技术用于确定水平段压裂液与储层接触及泵注转向剂情况，以确保获得最大的泄流面积。

实例：巴内特一口页岩气井初始产量约为 $6.2 \times 10^4 \mathrm{m}^3/\mathrm{d}$，4 年后产量递减至 $1.4 \times 10^4 \mathrm{m}^3/\mathrm{d}$ 以下。通过初次改造的微地震监测结果，发现可以通过重复压裂沟通更多储层。微地震监测结果如图 8-11 所示，初次压裂分 5 个射孔段，重复压裂时新增了 4 个射孔段，以此改进压裂注入情况和井筒泄流面积，最终 9 个射孔段沿水平井段的间隔平均约 80m。重复压裂后产量曲线如图 8-12 所示。

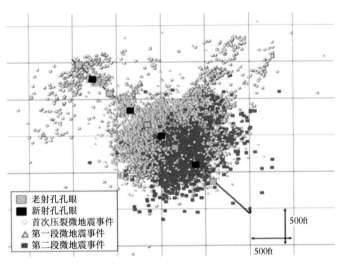

图 8-11　巴内特页岩气井初次压裂和重复压裂微地震监测图

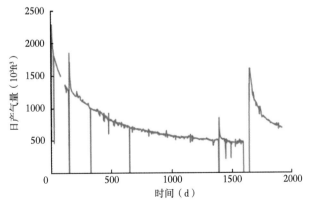

图 8-12　巴内特页岩气重复压裂实例井产量曲线

二、双重套管重复压裂实例

海恩斯维尔和鹰滩地层已有超过 112 口井成功应用双重套管重复压裂。采用 3.5in、4.0in 或 4.5in（8.89cm、10.16cm 或 11.43cm）套管，固结在先前完井的水平井套管内（套管尺寸从 4.5~5.5in）。水平段长度从 2500~7000ft（762~2133.6m）。

1. 海恩斯维尔页岩气田实际应用效果

水平井完井技术旨在最大限度地增加水平井横切裂缝的数量，致使每口井的平均 EUR 比 2015 年之前有所增加。2016 年以来，双重套管重复压裂技术已在海恩斯维尔页岩中得到广泛应用，该技术已应用于整个盆地的不同区域 75 口井中（图 8-13）。

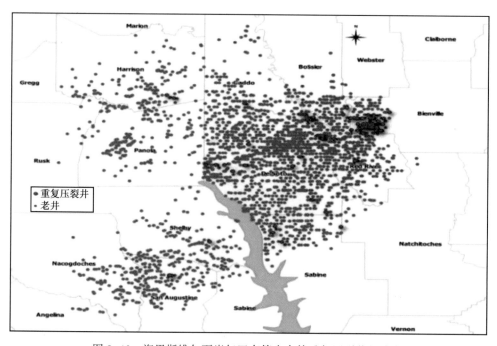

图 8-13　海恩斯维尔页岩气田套管内套管重复压裂井的分布

采用新的 3.5in（8.89cm）套管进行分段压裂，该完井技术可以灵活地应用于海恩斯维尔页岩重复压裂增产处理措施。图 8-14 为初次完井压裂和重复压裂后支撑剂和压裂液的用量比较。初次压裂井和重复压裂井之间的主要区别在于压裂液泵入排量。新套管的内径较小、摩阻较高，重复压裂施工排量通常为 30~50bbl/min。

图 8-15 是海恩斯维尔页岩气井重复压裂后 17 个月的生产曲线，重复压裂之前，这个井产气 $4.05 \times 10^9 ft^3$（$1.15 \times 10^{12} m^3$），重复压裂之后 16 个月产气量为 $3.17 \times 10^9 ft^3$（$8976 \times 10^4 m^3$）。相比不采取任何措施，该井还需要 33 个月才能达到产气 $3.14 \times 10^9 ft^3$（$8891 \times 10^4 m^3$）。

2. 鹰滩页岩气田应用效果

海恩斯维尔气田双重套管重复压裂作业成功后，相同的方法首先应用于鹰滩东北部，并且有向东南部发展的趋势。图 8-16 显示了鹰滩气田采用这种重复压裂方法的井。虽然应用数量比海恩斯维尔的少，但目前 37 口生产取得成功的案例井也非常可观。其中记录

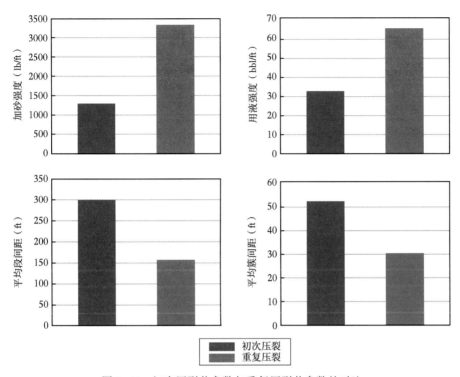

图 8-14　初次压裂井参数与重复压裂井参数的对比

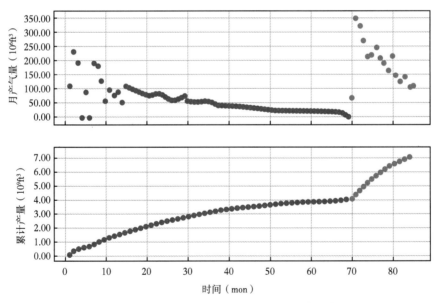

图 8-15　海恩斯维尔页岩井重复压裂生产曲线

的一口井重复压裂后产量增加了 17 倍。用五口井的产量数据估算 EUR 值，表明重复压裂比原始 ERU 增加了约 140%。在鹰滩至少有六家作业公司已经开始使用这种方法实施多井重复压裂作业，表明资本支出在增加整体资产价值方面是值得的。

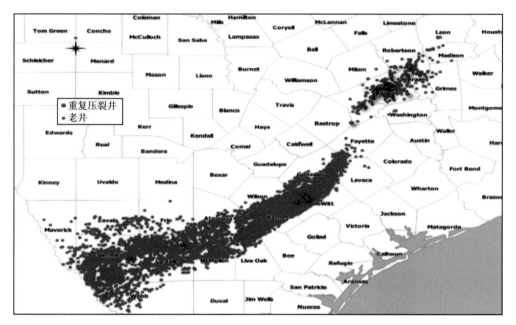

图 8-16　鹰滩页岩气田双重套管重复压裂井分布图

第九章　压裂后排采技术

全世界范围内的页岩气开发过程都面临产量递减率高、井身结构复杂、井筒流态复杂等难题。非常规开发中的大多数压裂井在压裂后的第一年内停止自喷生产，超过80%的页岩气井在自喷生产的前6个月内停止自喷。井身结构参数会对人工举升工艺的效率产生影响。很多页岩气井都很深且是长水平段，垂深10000ft、水平段长5000ft的页岩气井是很常见的。水平段也不一定是水平的，部分呈现趾端向上或趾端向下的形态。随着井底流动压力和气液界面的下降，水平段排液也成为一个挑战性难题。现在的页岩气井多为水平井，而水平井中的流态比直井更复杂，尤其需要考虑垂直段与水平段的流型。页岩储层的生产特点主要是不稳定的两相段塞流，这给排水产气工艺带来很大的困难。

第一节　早期排采技术

随着页岩气井的增加，其排采工艺的研究也随之大力展开。常规的排水采气工艺，如射流泵、气举、泡排、柱塞气举、电潜泵、机抽等在页岩气井得到一定的应用。在页岩气生产周期内随着条件的变化，排采生产也要跟着优化，在不同阶段要采用不同的排采工艺（图9-1）。页岩气井投产初期采取以控压开采为主的生产方式，可以降低或减缓应力敏感效应，延缓产量递减，同时主要开展气举、射流泵和电潜泵排采工艺。而在气井生产中后期生产压力接近输压或低于临界携液流量期间，主要采取下柱塞气举、有杆泵、水力活塞泵、泡排和管柱气举工艺可维持气井相对稳定生产。

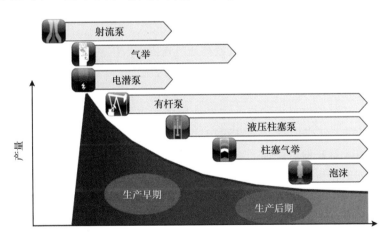

图9-1　不同生产阶段排水采气举升工艺

一、气举排水采气技术

气举作为一种常用的排水采气工艺在页岩气开发中应用较多。对于地层压力系数较高的页岩气井，气举排采工艺能快速排除井下积液，实现储层气液的诱喷，气举排水采气效果较好；但对于地层压力较低的贝岩气井，虽然气举能一次性排出井筒积液，但有效期短，经济效益较差，不能实现储层气液的诱喷。

气举排水采气技术利用外界高压气源注入井内补充气井能量，通过气举阀逐级置换并气化井筒和井底附近的积液，降低井筒内压力梯度，恢复气井生产。

1. 工艺特点

气举排水采气技术的工艺特点包括：（1）工艺井不受井斜角、井深和硫化氢含量限制及气液比影响，能直接利用气井中产出的天然气参与举升；（2）气举适应能力强，排量范围大。同样一套气举装置能适应不同开采阶段产量的变化和举升高度的变化，单井增产效果显著；（3）连续气举和间歇气举、举升深度和举升液量转化调节灵活方便；（4）设备配套简单，管理方便，可实现集中控制，单井可多次重复启动，与投捞式气举配合可减小修井作业次数；（5）邻井有高压气源时，经济效益好。因此气举排水采气技术广泛使用于停产井复产、助排及气藏强排液。

2. 适用范围

（1）高气液比井（更换管柱）修井复产。

（2）压裂酸化井排液（助排）。

（3）水淹井气举"复活"。

（4）气藏气举排水井。

（5）特殊设计情况：气水量参数变化大、工程限制等。

3. 技术参数及应用条件

（1）井深不大于5000m。

（2）排液量不大于1000m^3/d。

（3）油套管必须能承受高压。

（4）必须具备高压气源（如压缩机或高压气源井）。

4. 应用实例

自2014年末油价暴跌以来，页岩气开发企业在不断调整投资组合过程中不断优化生产。由于考虑到电潜泵价格昂贵，且在复杂地层中的可靠性一般。越来越多的企业将目光转向成本更低廉的气举工艺，气举工艺可以同时应用于多口水平井，从而在气井日益集中的情况下实现规模效益开发。例如，在2017年以后在二叠盆地中有40%~60%的新井都配备了气举设备（如斯伦贝谢的PerfLif系统，威德福公司的XtraLift系统），而且应用范围不断扩大。

二、水力射流泵排水采气技术

页岩气井进行大型水力压裂后通常采用射流泵来提高返排液的返排率。射流泵作为压裂液返排和早期携液生产的首选方式，具有便捷、能适应高产、能防止支撑剂之类的颗粒物质的特点。射流泵没有活动部件，显著降低了由于腐蚀、结蜡等导致设备故障的风险。自由式射流泵最快可以在三天内排出压裂液，液体较多时可以在一周至三周内排出。通过电缆将阀门和射流泵下放到井中，射流泵的动力液通过生产油管泵入，然后与其他液体（压裂液、地层水）混合后通过油套环空排出。当压裂液返排结束后，射流泵能连续的将产出液排到地面，直到产量下降到足以用有杆泵或其他举升工艺（图 9-2）。

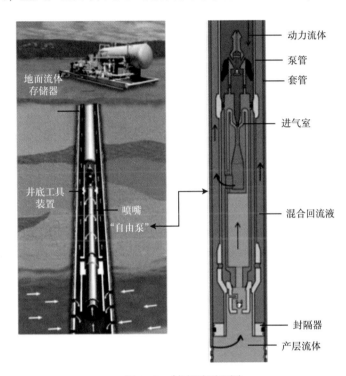

图 9-2 射流泵原理图

水力射流泵采用文丘里原理，由地面提供的高压液体通过喷嘴把其位能转换成高速流束的动能，在吸入口形成低压区，井下流体被吸入，与动力液混合，在扩散管中动力液动能传递给井下流体，使之压力增高而排出地面。

1. 水力射流泵的优点

（1）由于没有运动件，井下设备有较高的可靠性，维修费用低。

（2）能在高温、高气液比、出砂和腐蚀等复杂条件下工作。

（3）检泵时无需起出油管。

（4）可用于斜井和弯井。

（5）深度和排量的变化范围大，可以满足不同的生产要求。

（6）地面设备可与活塞泵共用一套，具有较高的灵活机动性。

2. 水力射流泵的缺点

泵效较低，比活塞泵需要更高的地面功率；为了避免气蚀，要求较高的吸入压力和一定的沉没度；对回压的变化较敏感。

3. 水力射流泵的选井条件

（1）排水量：$100 \sim 400 \mathrm{m}^3/\mathrm{d}$。

（2）产气量：$(1.0 \sim 5.0) \times 10^4 \mathrm{m}^3/\mathrm{d}$。

（3）泵挂深度：不大于 3500m。

（4）井下温度：不大于 120℃。

（5）套管无损坏，能承受高压。

（6）气体中 H_2S 含量：不大于 $3.0 \mathrm{g}/\mathrm{m}^3$。

（7）水中 H_2S 含量：不大于 $250 \mathrm{g}/\mathrm{m}^3$。

（8）水中 CO_2 含量：不大于 $100 \mathrm{g}/\mathrm{m}^3$。

（9）水的矿化度：不大于 50000mg/L。

4. 水力射流泵的应用实例

水力射流泵是一种较新的人工举升方法，目前在页岩油井中进行了初步现场试验。自由（Liberty）公司在巴肯区块的 10 口井中安装了射流泵，其中 6 口井表现出明显的产量增加（图 9-3）。在将螺杆泵更换为射流泵后，在一年的时间内平均每口井增加了 850000 万美元的效益。自由公司认为该举升技术可以大大提高运营效率和盈利能力，该技术在早期生产期间推广应用于 60 口页岩油井中。

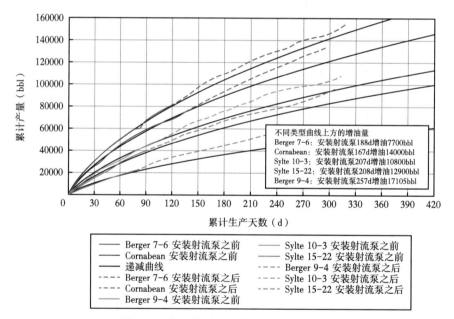

图 9-3　自由公司在巴肯区块的现场试验

彩色实线为井在配备射流泵前使用螺杆泵的累计生产曲线；彩色虚线为井在配备射流泵后的累计生产曲线；

黑色实线为井在一直使用螺杆泵的推测的累计生产曲线

射流泵的一大优点是可以在气液两相同时存在的条件下使用，适用于页岩气井在生产初期水量和气量均较大的情况对气液两相下的射流泵的使用条件进行了模拟优化。目前虽然未见到在其北美地区页岩气井中应用的实例，但是射流泵是一项具有广阔前景的技术手段。

三、电潜泵排水采气技术

利用电动潜油泵将井下积液举升到地面，使气井恢复生产的一种排水采气工艺技术。该工艺原理是采用随油管一起下入井底的多级离心泵装置，将水淹气井中的积液从油管中迅速排出，降低井筒内的液面高度，减少井筒内的液柱对井底的回压，使气井恢复生产。生产方式是油管排水、套管产气。

1. 电潜泵排采技术特点和适用范围

适应于地层压力低、产液量大的井。局限性是一次性投入和运行成本较高。电潜泵排水采气工艺技术适应于低压水淹井的复产和气藏强排水。

2. 技术参数及应用条件

（1）排量：$50 \sim 1000 m^3/d$。

（2）扬程：$0 \sim 4000 m$。

（3）适用温度：不大于 $149 ℃$。

（4）运行频率：$50 \sim 70 Hz$。

（5）功率：最大 $600 hp$。

（6）机组通常选用变频机组以适应气井产液量在一定范围内的变化。变频器控制电动机，启动频率比较低，所以启动电流小，基本上做到了软启动，特别适应小容量电网；变频器能自动调节多种参数，保护功能齐全，使井下机组寿命大大提高。

（7）工艺选井要求：应尽量选择气液关系清楚、气液两相流量波动不太大的井。

在页岩气藏开发前期排液量较大时，采用大排量电潜泵，后期因排液量降低更换小泵排液。在页岩中使用电潜泵的一个问题就是需要在产量下降后迅速地更换其他举升工艺。当产量很低时，电潜泵的效率也很低，正如所有的机械泵一样，高含气量和早期生产过程中的颗粒物质将会对电潜泵造成影响。在早期生产过程中，由于最初的液位很高，所以电潜泵一般下在垂直段或者是近乎垂直段。

第二节　中后期排采技术

一、有杆泵排水采气技术

有杆泵排水采气工艺技术是通过抽油机驱动井下深井泵的柱塞上下运动，使其抽汲并排出井筒内积液，恢复气井生产。该工艺技术与有杆泵采油相比，整个系统装置组成基本类似，显著不同点如下：（1）油管排水、油套环空采气，因密封方式要求导致井口装置不一样；（2）因油、气、水物性参数（特别是黏度、压缩因子）明显不同，井下密封泵筒中柱塞和泵筒的配合间隙及密封方式存在显著差异；（3）产水气井安装井下高效气水分离器，可尽可能地降低气体影响、提高泵效。

1. 工艺特点

装备简单可靠，可用天然气或电作为动力，易于实现自动控制，设备可多井运移；设计成熟，工艺不受采出程度的影响，理论上能把气采至枯竭。

2. 适用范围

适用于低压水淹井复产、间喷井及低压小产水量气井排水。该工艺受井斜角、井深影响程度较大，泵挂深度和排液量均受到制约。根据目前机抽工艺排液采气能力，排液量以 5~100m³/d 为宜，并且地层压力越低，产层中部越深，其排液量越小。

3. 技术参数及应用条件

（1）泵挂深度：不大于 2500m；

（2）泵效：不小于 60%；

（3）检泵周期：不小于 1 年；

（4）受气体影响较大，如果气液分离效果不好，易发生气锁，通常要求泵沉没度不小于 200~300m；

（5）高含硫、井斜严重或结垢严重的气井不适应。

二、柱塞举升排水采气技术

柱塞气举排水采气工艺是产液量小、气液比高的气水同产井的一种重要的举升方法。该工艺可延长气水同产井的自喷期，提高举升效率，维护成本低。

1. 工艺特点

（1）是间歇气举的一种特殊形式，由于柱塞在举升气和采出液之间形成机械界面，因而减少了滑脱损失。

（2）同一般的间歇气举相比，能更有效地利用气体的膨胀能量，提高举升效率。

（3）对于自喷井，由于利用自喷井本身能量，投资成本低。

（4）对于低产井，可调节注气时间和频率并可以清除蜡和小的垢沉积。

（5）为了能成功操作，需要有充足气量和压力，井深要求一般小于 3000m。

（6）局限性：如果本井气量不足，又无高压气源井时，需压缩机成本较高；为使工作状况最佳，每口井都需制定特定的工作状况制度；可能出现柱塞被卡现象。

2. 适用范围

被选井为有积液的自喷或间喷井。

3. 技术参数及应用条件

1）技术参数

（1）井深：不大于 3000m。

（2）排液量：不大于 50m³/d。

（3）气液比/1000m：不小于 500m³（气）/m³（液）/1000m。

（4）单一尺寸油管，油管清洁完好。

2）应用条件

深页岩井中需要注意的一点是，气体压力、大液量体积及长直井段可能会综合影响柱塞上升的速度，需要控制上升速度并将其限制在表面润滑器设备的工作参数范围内，以避免损坏地面设备。

海恩斯维尔页岩区选用 40 口气井安装了柱塞进行柱塞举升排采试验，结果表明，安装了柱塞之后，单井增产 3000m³，增产 22%，一年累计增产 4300×10⁴m³。单井作业费用约 49000 美元，平均 10 个月就能收回成本。根据海恩斯维尔的运行经验证明，柱塞举升是针对页岩气水平井最高效的人工举升方案（图 9-4）。

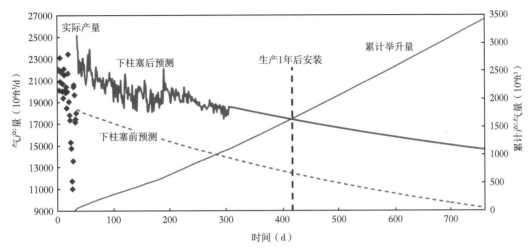

图 9-4　海恩斯维尔页岩气井柱塞举升效果

气辅柱塞气举是一种间歇式气举，与常规的柱塞配合使用。该工艺需要关井，以使常规的柱塞到达井底弹簧及保证气举系统的灵活性。利用气辅柱塞，在关井期间，将注气从井内清除，以降低注入过量的风险，将注入气输送到储层，并优化气体使用，以最大限度地减少不必要的操作费用。为了研究气辅柱塞气举工艺对井底压力的影响，在巴内特区块的两口气井中分别进行了有封隔器和没有封隔器的气辅柱塞气举试验（图 9-5）。

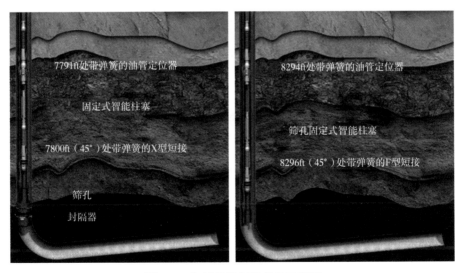

图 9-5　气辅柱塞气举完井示意图

1 号井在试验之前，净产气量为 $300 \times 10^3 \text{ft}^3$，注气量为 $300 \times 10^3 \text{ft}^3$。安装了封隔器之后进行气辅柱塞举升，举升效果如图 9-6 所示。

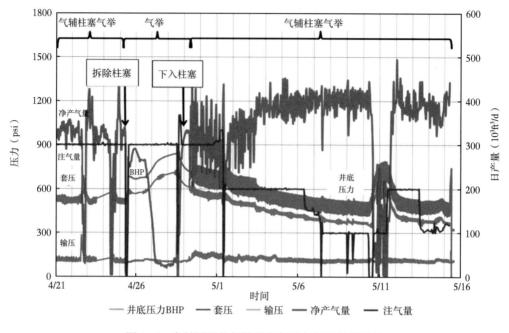

图 9-6　有封隔器的气辅柱塞气举与气举效果对比

2 号井在试验之前，净产气量为 $375 \times 10^3 \mathrm{ft}^3$，注气量为 $300 \times 10^3 \mathrm{ft}^3$。进行气辅柱塞气举后举升效果如图 9-7 所示。

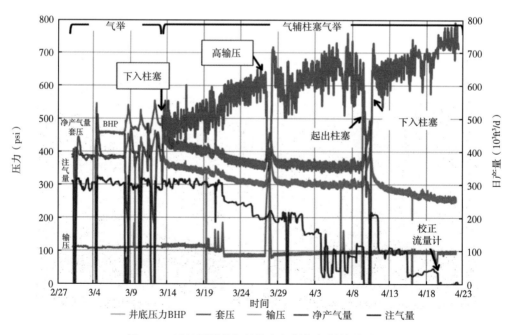

图 9-7　无封隔器的气辅柱塞气举与气举效果对比

试验结果表明，相较于气举，气辅柱塞气举的举升效果明显更好。

马塞勒斯依据巴内特页岩气田采取气举工艺和有杆泵采气工艺进行排采。但是并未达到预期的效果，气举不能有效地带出井底积液，有杆泵成本又较大。考虑到马塞勒斯地区气井原始地层压力大（大于 3500psi），在关井后，气井回压较快，马塞勒斯气田则考虑采用柱塞气举在该区域的气井中进行应用。但是在水平井中采用柱塞气举，也会面临一些挑战：油管或者测试部件需要下到 70°斜井段；需要在油管上安装安全锚，而安全锚会阻碍液体排出地面；安全接头的直径为 1.875in，而油管内径为 1.995in，这就意味着柱塞需要安全接头，但是也要保证密封液体将其带出地面。为解决柱塞能通过安全接头问题，设计了一款单垫圈柱塞，外径为 2in，长度为 8in，比常规柱塞长度 12in 短。收缩的时候外径可以达到 1.86in，膨胀的时候外径可以达到 2.00in。此做法可以减小柱塞和油管之间的摩擦力，并且在现场成功应用。

三、泡沫排水采气工艺

对产水气井从井口加入起泡剂，使井下液体变为轻质泡沫液，在气流搅动下将液体带出至地面的一种排水采气工艺。

1. 工艺特点

该工艺具有能充分利用地层自身能量实现举升，无需进行修井作业，具有设备配套简单、易操作、投资费用低的特点。

2. 适用范围

一般情况下，排液量不超过 100m³/d，井深在 5200m 以内的弱喷、间喷或自喷存在困难的产水气井的排水。其工艺优点是无需进行修井作业，其设计、操作和管理简便，一次性投入成本低。

3. 技术参数及应用条件

（1）因地层压力降低、产气量下降、产水量增加等原因造成了井筒积液。

（2）气井具有自喷能力，井底油管鞋处气流速度大于 0.1m/s，井底温度小于 150℃。

（3）井深不大于 5200m；井底温度不大于 120℃；产液量小于 100m³/d；一般液烃含量不大于 30%，个别型号起泡剂不大于 50%。

（4）只适用于有一定自喷能力的井，水淹井需采用其他措施恢复自喷能力方可实施。

（5）排液能力一般在 100m³/d 以下。

（6）要求工艺井油套管连通性好。

4. 地面配套

起泡剂加注方式有：液体起泡剂可采用平衡罐、柱塞计量泵、泡沫排水采气工程作业车（简称泡排车）、固体起泡剂用投掷方式加注、油套管连通性不好的可采用毛细管加注。通常，气井产水量不大于 30m³/d、需小剂量连续加注的井采用平衡罐加注方式；气井产水量大于 30m³/d、需大剂量连续加注的井采用柱塞计量泵加注方式。

消泡剂加注：常采用柱塞计量泵加注或平衡罐加注两种方式。

起泡剂和消泡剂加注周期：对于纯气井，只是有少量凝析水或产地层水小于 30m³/d，宜采用间隙排水方式，一般情况下，加注周期为每隔数天、数月一次即可；而对于产水量不小于 30m³/d 的这类井最好是连续注入，加注越均匀越好，尤其是对大水量井效果更加明显。常用泡沫排水剂应用条件见表 9-1。

表 9-1 常用泡沫排水剂应用条件表

配方名称		适用范围			备注
		温度（℃）	矿化度（g/L）	凝析油（石油醚）含量(%)	
CT5-2		≤120	≤120	≤10	
CT5-7		≤100	≤250	≤50	
CT5-7	B	≤120	≤120	≤10	
	C	≤100	≤150	≤30	
	D	≤120		含凝析油	含 Ca²⁺、Ba²⁺ 水
CT5-7E（棒）		≤100			
CT5-7H		高温			
CT5-7HⅠ		高温	低矿化度		
CT5-7HⅡ		高温	高矿化度		
UT-1			≤60	≤5	
UT-4（棒）		高、低温	≤60		
UT-5	A		≤60	不含油	
	B		≤100	≤5	
UT-11	A	70	≤80	≤10	
	B	70	≤150	≤15	
	C	70	≤200	≤30	
	D	150	≤260	≤50~70	
UT-15		耐高温	抗高矿化度	低抗凝析油	缓释率≥70%
UT-16		≤130	抗高矿化度		抑盐、阻垢
UT-6	B（棒）	100	矿化度200	≤30	
	C（棒）	100	矿化度50	≤30	
UT-8		泡沫含水率低，适于低压小产水井			
FG-2		与 UT-1、UT-4、UT-5、UT-11、UT-15、UT-16 配套使用			有机硅消泡剂型破乳剂
PR-3		与 UT-6B、UT-6C 配套使用			
SPI-C11（A）			≤200	≤50	
SPI-C11（B）					
SPI-C11（D）		≤120	≤200		
KY-1		≤180	≤200		阻垢、耐高温、含硫的产水气井
8001	a	井温≤110℃			
	b	井温≤150℃、凝析油含量≤30%			
8002	a	井温≤110℃			
	b	井温≤120℃、凝析油含量≤10%			
8003		井温≤70℃			

续表

配方名称		适用范围			备注
		温度（℃）	矿化度（g/L）	凝析油（石油醚）含量(%)	
84-S	a	井温≤120℃、含硫			
	b	井温≤120℃、凝析油含量≤30%、含硫			
	c	井温≤120℃、含硫			
PB 泡棒		用于气水井快速排液（其他同8001）			
SB 酸棒		用于泡排-酸洗解堵助采（其他同8001）			
JY 滑棒		用于起泡-减阻复合助采（其他同8001）			

在北美的阿莱恩斯页岩气田，大多数页岩气井是水平井且无封隔器，井深达到7400ft，采用多级水力压裂技术达到增产效果。生产初期，由于地层能量充足，采用环空生产，随着地层压力和产量的下降，转为油管进行生产。当采气速度小于临界携液速度，就不能正常带液，需要采取有效措施改善，阿莱恩斯气田考虑采用注入泡沫剂进行排水采气。若选取的气井没有封隔器，可以考虑从油管或者环空注入泡沫剂。对有封隔器的气井，采用在油管中下毛细管柱（非常小的不锈钢管，外径0.25in），从毛细管中注入泡排的方法。该区试验井进行过环空注入泡排+气举、环空注入泡排不进行气举、毛细管注入泡排+气举的现场试验。

采用环空注入泡排+气举的试验井的水平段长度约为2100ft。完井过程中无封隔器，配备2.375in的生产油管和10个气举阀。在发泡剂试验之前，它的净产气量接近$300×10^3ft^3$，产水量为15~20bbl/d，举升速率约为$500×10^3ft^3/d$。泡沫剂以6gal/d的初始速率注入环空，并优化为4gal/d。在处理过程中，举升速率逐渐降低至$25×10^3ft^3/d$。从处理开始后，水的回收率没有变化，天然气净产量降至约$50×10^3ft^3/d$（图9-8）。而且由于气举的减少，这一时期的运营成本平均减少了大约15%。

采用环空注入泡排无气举的试验井的水平段长度约为2300ft，配备了2.875in的油管，没有安装封隔器和气举阀。试验之前，产气量约$500×10^3ft^3/d$，产水量约10bbl/d。泡排剂

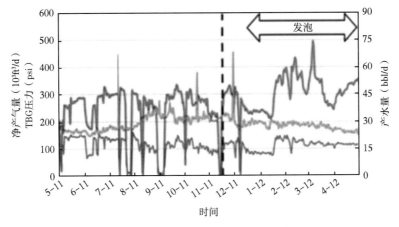

图9-8　环空注入泡排+气举的试井效果

以 6gpd 的速度开始注入，以维持生产及排水。在这种情况下，注入起泡剂会增加作业成本。因为在进行泡排之前，该井只注入过廉价的防腐防垢产品。尽管如此，平均天然气产量还增加了 130mcf/d，经济效益也是显著的（图 9-9）。

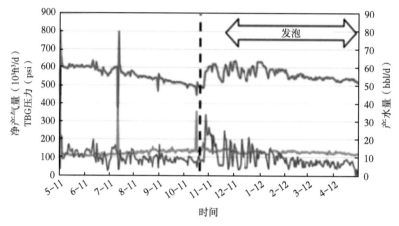

图 9-9　环空注入泡排的试井效果

采用毛细管注入泡排+气举的试验井的水平段长度约为 2600ft。配备了 2.375in 的生产管柱和 12 个气举阀，无封隔器。通过安装在油管底部的 0.25in 毛细管柱，在可能的较低注入点泵送。在进行泡排之前，尽管注气量约为 $400 \times 10^3 ft^3/d$，但由于气井无法产生水，气井产量迅速下降。一旦气泡剂开始注入，就可以恢复气水的正常生产，并将注气量降低到 $100 \times 10^3 ft^3/d$ 以下。平均产气量净增约 $80 \times 10^3 ft^3/d$，平均气举量降低 $360 \times 10^3 ft^3/d$（图 9-10），运营成本降低 57%。

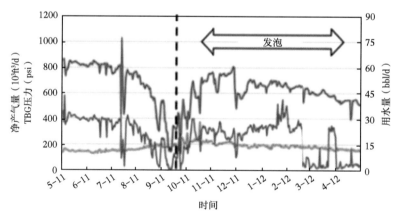

图 9-10　毛细管注入泡排+气举的试井效果

实验结果表明：泡排在阿莱恩斯页岩气井中达到了有效增产的目的，值得推荐应用。

在阿莱恩斯页岩气田中的 80 口气井中采用了泡排工艺，其中 78 口井还在环空中泵入了防垢、防腐蚀的表面活性剂混合剂，其余 2 口井安装了毛细管柱，发泡剂注入速度为 4~6gal/d。可以看出增产效果显著：平均净气量增加 $5.7 \times 10^6 ft^3$，气举速度减少约

$10 \times 10^6 \text{ft}^3$，操作成本节约了约13%（图9-11）。

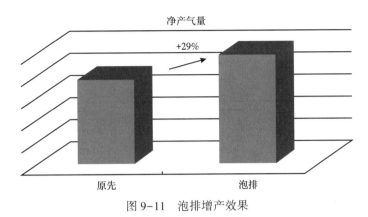

图9-11 泡排增产效果

四、螺杆泵排水采气技术

螺杆泵排水采气工艺技术是利用螺杆的旋转来吸排液体，由于各螺杆的相互啮合及螺杆与衬筒内壁的紧密配合，在泵的吸入口和排出口之间，就会被分隔成一个或多个密封空间。随着螺杆的转动和啮合，这些密封空间在泵的吸入端不断形成，将吸入室中的液体封入其中，并自吸入室沿螺杆轴向连续地推移至排出端，将封闭在各空间中的液体不断排出。

1. 工艺特点

（1）井下泵结构简单，无运动阀件，对于出砂、高油气比井的适应能力强。

（2）具有能耗低、一次性投资小的优势。

（3）操作简单，排量调节方便，不停机改变螺杆泵的工作转速即可实现。

（4）对抽汲多相流体具有良好的性能。

2. 适用范围

适用于水淹井复产、间喷井及低压小产水量气井排水。

3. 技术参数及应用条件

（1）泵挂深度处温度应低于150℃。

（2）供液能量充足，通过产能预测具备提液潜力的井。

（3）含砂量小于2%的井。

（4）扬程2000m以内，动液面深度小于1800m，气井排液量不大于100m³/d。

（5）泵的沉没度大于200m。

五、优选管柱技术

在有水气藏开发中，可对产水气井及时优选和调整管柱，可改善气水在油管内的流动状态，避免气井积液使气井维持合理产量自喷生产的一种排水采气工艺。

1. 技术特点

工艺成熟、可靠，施工管理方便，设备配套简单，投资少。优选小直径管柱排水采气工艺适用于开采中后期，还具有一定能量的间喷或停产气水井。

该工艺的局限性为：排液量小，一般在 100m³/d 以内；下入油管深度受强度限制；因压井后复产困难，一部分工艺井要求在起下管柱时采用不压井作业。

2. 适用范围

适用于有一定自喷能力的小产水量气井。一般情况下，排水量不超过 100m³/d，最大井深由选用生产管柱的材质决定；设计简单、管理方便、一次性投入较低。选用适宜防腐蚀方法也可适用于含腐蚀性介质（如 H_2S、CO_2）的产水气井。

3. 技术参数及应用条件

（1）产水气井的水气比不大于 $40m^3/10^4m^3$。

（2）气流的对比参数 v_r（油管鞋处气流的无量纲对比流速）和 q_r（气井的无量纲对比流量）均小于1，井底有积液。

（3）井场能进行修井作业。

（4）气井产出气水必须就地分离，并有相应的低压输气系统与水的出路。

（5）井深适宜，符合下入油管的强度校核要求。

（6）产层的压力系数小于1，以确保用清水、活性水或油气井保护液就能压井或满足能够采用不压井进行更换油管的作业条件。

4. 地面配套

与产气水井自喷生产装置相同，地面无需新增设备。

六、排水采气工艺技术界限

将生产早中后期的排水采气工艺的技术界限进行汇总，主要排液工艺的适应条件见表 9-2。

表 9-2　目前主要排液工艺的适应性及其技术界限

举升方法		最大排量（m³/d）	最大井深泵挂深度（m）	适应条件
优选管柱	2in	100	3500	产液量小于100m³/d、液气比不大于40m³/10⁴m³，$V_r = Q_r < 1$，有积液；油管公称直径不大于60mm时 $q_1 \leq 10m^3/d$
	1½in	10	5000	
泡排		120	5200	$T_b \leq 120℃$，GLR 为 180~1400m³/m³，$q_w \leq 100m^3/d$，液态烃≤50%的间喷、弱喷井
气举		1000	5000	复产、助排及气藏强排水；排液量 10~1000m³/d；液体黏度小于1500mPa·s
柱塞气举		50	5000	GLR≥500~1000m³/m³，有积液的自喷或间喷直井，油管清洁完好
机抽		100	2500	$p_R \leq 10~15MPa$；排液量 10~100m³/d、T_b 不大于100℃；总矿化度：10000~90000mg/L，CO_2 含量不大于115g/m³，H_2S 含量：0~4g/m³，液体黏度小于100mPa·s，含砂量不大于0.03%；允许最大井斜率为12°/30.5m

续表

举升方法	最大排量 （m³/d）	最大井深 泵挂深度 （m）	适应条件
电潜泵	1000	4000	排液量 50~1000 m³/d、T_b 不大于 149℃ 的低压井复产和气藏强排水，液体黏度小于 500mPa·s，含砂量不大于 0.1%；允许最大井斜率 12°／30.5m
螺杆泵	100	2500	动液面深度小于 1800m，泵沉没度大于 200m；扬程 800~1800m，产液量 10~100m³/d；含砂量不大于 2%，井温小于 120℃
射流泵	300	3500	排液量 100~300m³/d，泵挂深度不大于 3500m、T_b 不大于 120℃、H_2S 含量不大于 3.0g/m³，CO_2 含量不大于 100g/m³、矿化度不大于 50000mg/L，液体黏度小于 2500mPa.s，含砂量不大于 3%；允许最大井斜率 20°／30.5m

第三节　排水采气新技术

一、组合举升工艺技术

目前常用的复合排水采气工艺技术有气举—泡排和气举—柱塞两种，这些方法都在实际中有所应用，然而在现场应用过程中由于某个工艺技术的缺陷较为突出，以至于与它所配合的复合工艺技术不能完全替代工艺的缺陷，从而使得复合排水采气工艺技术不能得到较大的发展。

但现在的组合举升工艺技术并不是在排采过程中同时发挥两种及以上工艺，而是能够在生产过程中实现不动管柱进行不同工艺的接替，图 9-12 所示的是射流泵和气举的组合

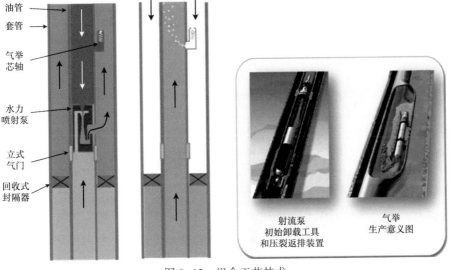

图 9-12　组合工艺技术

举升工艺技术。

二、水平段提升的人工举升系统

为缓解段塞流而设计的水平井强化人工举升系统预计还将提高柱塞气举效率，可能降低对气体辅助的要求，并降低井底生产压力。该系统的设计目的是将流体从水平段举升至直井段，使柱塞气举能像最初设计的那样工作。为了采用该系统进行柱塞气举，直井段安装有一个缓冲弹簧，以提高柱塞的着陆点，并允许柱塞留在直井段。

井下系统是由三个主要部件组成的机械系统：密封件、尺寸可调节的管柱和涡流分离器。管柱的内径和长度与储层压力和油气井生命周期内的预期产量有关。通过管柱调节来自水平段的流动并输送到涡流分离器，其中涡旋分离器的气旋效应可有效地将气体和固体从液体中分离出来，同时排放到井的环空中。分离出来的气体通过环空上升；分离出的油、水和固体从涡流分离器的顶部流出，回流到流体拐弯处，然后在交叉通道中回流到涡流分离器并输送到泵（图 9-13），并将固体抛到污水坑中。

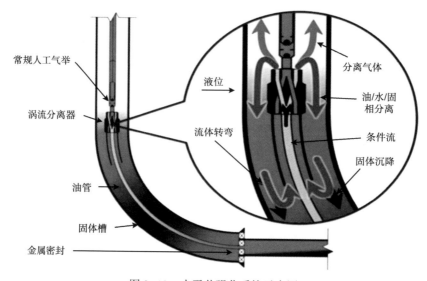

图 9-13　水平井强化系统示意图

采用柱塞气举的井面临的主要问题是井筒积液。随着气体流速降低并低于"临界携液流速"时，气相不能将液体携带到地面。液体回落并积聚在井底，称为积液。由于静液柱增加了井的回压，气体流速持续下降可能会压死井，除非可以控制气液比。该临界速度是流体流动的水力直径、井底流压和温度下的实际体积流量及井斜角的函数。两件式连续流动柱塞由于柱塞运行速度较高而通常用于较深的井，因此每天往复循环的次数较多，通常需要一个固定的临界速度才能正常运行，因此受到与自喷井相同的影响。

初次完井时，水平井强化人工举升钢丝系统包括一个通流芯轴，因此可以绕过分离器并将其与环空隔离，以允许自喷。随着安装了该系统，管柱举升弯曲处周围的液体并延迟积液的开始，自喷期延长。在这种初始状态下，套管是关闭的，以增加压裂液的返排量。

转变到柱塞气举需要收回通流芯轴，安装柱塞气举芯轴和固定阀。柱塞可以在更高的直井段下入，可显著提高效率，同时使每天的循环次数更多、气液比更低，且仍保持在柱塞气举系统下方的连续举升和流量调节状态。

当需要转换到有杆泵时，钢丝装置将收回缓冲弹簧、柱塞气举部分和固定阀。安装好隔离部分，系统可以进行有杆泵的安装。在这种状态下，为了分离气体打开套管。系统保护泵免受气体干扰，而管柱继续减缓段塞流，以最大限度地降低压降（图9-14）。

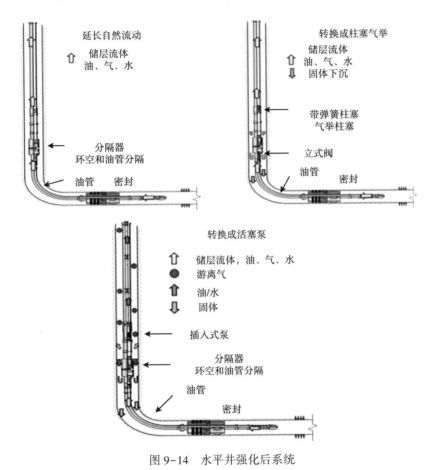

图 9-14 水平井强化后系统

参 考 文 献

白田增，吴德，康如坤，等. 2014. 泵送式复合桥塞钻磨工艺研究与应用［J］. 石油钻采工艺，36（1）：123-125.

陈锋，杨登波，唐凯，等. 2018. 上偏井泵送分簇射孔与桥塞联作技术［J］. 测井技术，42（1）：117-121.

陈建波. 2017. 连续油管分簇射孔技术发展现状［J］. 石油管材与仪器，3（03）：7-10.

付玉坤，喻成刚，尹强，等. 2017. 国内外页岩气水平井分段压裂工具发展现状与趋势［J］. 石油钻采工艺，39（4）：514-520.

郭鹏，罗宏伟，贾曦雨，等. 2017. 等孔径射孔弹技术研究［J］. 测井技术，41（04）：495-500.

李东传，金成福. 2017. 等孔径射孔器评价方法探讨［J］. 石油工业技术监督，33（07）：24-28.

李鹏飞，刘旭辉，王杰. 2016. 免钻型大通径桥塞研制与应用现状［J］. 石油矿场机械，45（11）：93-97.

刘辉，喻冰，杨海，等. 2018. 可溶桥塞镶齿卡瓦研制及实验评价［J］. 钻采工艺，41（6）：76-78.

刘玉章，王莉，王红岩. 2016. 北美典型页岩油气藏开发模式及工艺技术［M］. 北京：石油工业出版社.

陆应辉，程启文，徐培刚，等. 2017. 连续油管隔板延时分簇射孔技术的现场应用［J］. 油气井测试，26（02）：60-63+78.

任勇，叶登胜，李剑秋，等. 2013. 易钻桥塞射孔联作技术在水平井分段压裂中的实践［J］. 石油钻采工艺，35（2）：90-93.

王海东，陈锋，欧跃强，等. 2016. 页岩气水平井分簇射孔配套技术分析及应用［J］. 长江大学学报（自科版），13（08）：40-45+4.

王林，马金良，苏凤瑞，等. 2012. 北美页岩气工厂化压裂技术［J］. 钻采工艺，35（06）：48-50.

姚千里. 2018. 6500HP 型压裂泵动力驱动的研究［D］. 兰州：兰州理工大学.

赵文光，夏明军. 2013. 加拿大页岩气勘探开发现状及进展［J］. 国际石油经济，21（7）：41-46.

A. Sakhaee-Pour, Steven L. 2011. Bryant, Gas Permeability of Shale［R］. SPE 146944.

Abrams, A. 1977. Mud design to minimize rock impairment due to particle invasion. Journal of Petroleum Technology［J］.29（2）：87-89.

Adam Baig, Ted Urbancic. 2010. Microseismic Moment Tensors：A Path to Understanding Growth of Hydraulic Fractures［R］. CSUG/SPE 137771.

Ahmed M. Gomaa, Qi Qu. et al. 2014. New insight into shale fracturing treatment desing［R］. SPE 167754.

Avary, K. L, Lewis J E. 2008. New interest in cores taken thirty years ago：the Devonian Marcellus Shale in northern West Virginia［EB/OL］http：//www. papgrocks. org/avary_ pp. pdf, accessed September 2016.

BAKER HUGHES. 2016. Gorilla pump units［EB/OL］. http：// www. bakerhughes. com/products-and-services/pressure-pumping/hydraulic-fracturing/hydraulic-fracturing-surface-systems/gorillapump-units1603099t.

Barati R, Liang J T. 2014. A review of fracturing fluid systems used for hydraulic fracturing of oil and gas wells.［J］. Journal of Applied poloymer Science 131（16）.

Blakey R., 2011. Middle Devonian（385Ma），North American Paleogeogprahy［EB/OL］：http：//jan. ucc. nau. edu/rcb7/nam. html, accessed September 2016.

Boyce M, Carr T. 2009. Lithostratigraphy and Petrophysics of the Devonian Marcellus Interval in West Virginia and Southwestern Pennsylvania［EB/OL］http：//www. unconventionalenergyresources. com/marcellusLithoAnd-PetroPaper. pdf, accessed September 2016.

Brittenham M D. 2013. Geologic analysis of the Upper Jurassic Haynesville Shale in east and west Louisiana：Discussion〔J〕. AAPG Bulletin, 97（3）：525-528.

Charles Pope, Billy Peters, Tim Benton, et al. 2009. Haynesville Shale-One Operator's Approach to Well Completions in this Evolving Play〔R〕. SPE 125079.

David Metzner, et al. 2013. Case Study of 3D Seismic Inversion and Rock Property Attribute Evaluation of the Haynesville Shale〔R〕. SPE 168819.

Durst D G, Harris T, Contreras J D, et al. 2008. Improved single trip multistage completion system for unconventional gas formation〔R〕. SPE 11526.

Ettensohn F, L Barron. 1981. Tectono-climatic model for origin of Devonian- Mississippian black gas shales of east-central United States〔J〕. AAPG Bulletin, 65：1- 83.

Ettensohn F. 2008, Tectonism, estimated water depths, and the accumulation of organic matter in the Devonian-Mississippian black shales of the Northern Appalachian Basin〔C〕. AAPG, Eastern Section Meeting Abstracts, Pittsburgh PA.

Ettensohn F R, 1985. The Catskill Delta complex and the Acadian orogeny〔J〕, The Catskill Delta：Geological Society America Special paper 201：39-49.

Filer J K. 2003. Stratigraphic evidence for a Late Devonian possible back-bulge basin in the Appalachian basin〔J〕. United States, Basin Research, 15（3）：417-429.

Gao D, Shumaker R C, Wilson T H. 2000. Along-Axis Segmentation and Growth History of the Rome Trough in the Central Appalachian Basin〔J〕. AAPG Bulletin, 84：75-99.

Goliant T, Collins B, Sokolove C, et al. Optimizing Treating Pressure Through Implementation of Consistent Through Hole Charge〔C〕. 2014 China International Perforating Symposium, Sanya, China.

Gürcan Gülen, Svetlana Ikonnikova, John Browning, et al. 2015. Production Scenarios for the Haynesville Shale Play〔J〕. SPE Economics & Management, 7（04）：138-147.

Hammes U, et al. 2011. Geologic analysis of the Upper Jurassic Haynesville shale in east 德 and west Louisiana〔J〕. AAPG Bulletin, 95（10）：1643-1666.

Harper I A, Laughrey C D, 1987. Geology of oil and gas fields of southwestern Pennsylvania, in Mineral Resource Report〔C〕. Harrisburg, PA, Pennsylvania Geological Survey publication, 4th ser., 148-166.

Harper, J. A., 1999. Geology of Pennsylvania：Pennsylvania Bureau of Topographic & Geologic Survey and Pittsburgh Geological Society〔M〕. 108-127.

J. M. Oehring. 2015. Electric Powered Hydraulic Fracturing〔R〕. SPE175965.

J. Harpel, L. Baker, J. Fontenot, et al. 2012. Case history of the Fayetteville Shale completions〔R〕. SPE 152621.

Jim B. Surjaatmadja. 2019. High-Pressure, High-Flow-Rate Stimulation Equipment for Shale Fracture Treatments〔R〕. SPE194880.

Jop Klaver, et al. 2015. BIB-SEM characterization of pore space morphology and distribution in postmature to overmature samples from the Haynesville and Bossier Shales〔J〕. Marine and Petroleum Geology, 59：451-466.

Joseph Yuyi, Austin Blake, John Wyatt, et al. 2016. Dry Utica proppant and frac fluid design optimization〔R〕. SPE 184078-MS.

Kale Jackson, Olatunji Orekha. 2017. Low density proppant in slickwater application improve reservoir contact and fracture complexity-A Permian Basin case history〔R〕. SPE 187498-MS.

Kathy R. Bruner, Richard Smosna, 2014. A Comparative Study of the Mississippian Barnett Shale, Fort Worth Basin, and Devonian Marcellus Shale, Appalachian Basin〔EB/OL〕DOE/NETL-2011/1478, 2012-4, www. netl. doe. gov/File Library/Research/Oil-Gas/publications/brochures.

Klenner R, Liu G, Stephenson H, et al. 2018. Characterization of Fracture-Driven Interference and the Application of Machine Learning to Improve Operational Efficiency [R]. SPE 191789.

Lagrange T, Barton J, Andrich L. 2011. Coiled tubing conveyed perforating in shale [R]. SPE143354.

Li L, Ozden S, Al-Muntasheri G A, et al. 2018. Nanomaterials-enhanced hydrocarbon-based well treatment fluids [R]. SPE 189960-MS.

Lohoefer D, Athanas J, Seale R. 2010. Long-term comparision of production results form open hole and cemented multi-staged completions in the Barnett Shale [R]. SPE 136196.

Lohoefer D, Athanas J, Seale R. 2006. New Barnett Shale Horizontal completion lowers cost and improve efficiency [R]. SPE 103046.

Michael Berry Smith, Carl T. 2015. Montgomery. Hydraulic Fracturing [M]. CRC Press, 490.

Michael J. Mayerhofer, Neil A. Stegent, James O. Barth, et al. 2011. Integrating Fracture Diagnostics and Engineering Data in the Marcellus Shale [R]. SPE 145463.

Mohaghegh S D. 2017. Shale analytics: data-driven analytics in unconventional resources [M] // Shale Analytics: Data-Driven Analytics in Unconventional Resources. Springer Publishing Company, Incorporated.

Mohaghegh S D, Gaskari R, Maysami M. et al. 2017. Shale Analytics: Making Production and Operational Decisions Based on Facts: A Case Study in Marcellus Shale [R]. SPE 184822.

Natalie Givens, Hank Zhao. The Barnett Shale: Not So Simple After All, www. republicenergy. com, 2013. 4

Nath F, Xiao, C. 2017. Characterizing foam-based frac fluid using carreau rheological model to investigate the fracture propagation and proppant transport in eagle ford shale formation [C]. In SPE-187527-MS, SPE Eastern Regional Meeting, Lexington, 4-6 October 2017, Kentucky, USA, . https://doi. org/10. 2118/187527-MS.

Negus-deWyss J. 1979. The eastern Kentucky gas field: A geological study of the relationship of oil shale gas occurrence to structure, stratigraphy, lithology, and inorganic geochemical parameters [D]: Ph. D. dissertation, West Virginia University, Morgantown, West Virginia.

Nyahay R, J Leone, L B Smith, et al. 2007. Update on regional assessment of gas potential in the Devonian Marcellus and Ordovician Utica shales of New York [EB/OL]. Search and Discovery Article 10136: http://www. searchanddiscovery. com/documents/2007/07101nyahay/#05, accessed September 2016.

Popova O, Small M J, McCoy S T, et al. 2014. Spatial Stochastic Modeling of Sedimentary Formations to Assess CO_2 Storage Potential [J]. Environment. Science. Technology, 48 (11): 6247-6255.

Rickman R, Mullen M, Petre E. et al. 2008. A pratical use of shale petrophysics for stimulation design optimization: all shale plays are not clones of Barnett shale [R]. SPE 115258.

Roen J B, Walker B J. 1996. The atlas of major Appalachian gas plays [M]. Morgantown, WV, West Virginia Geological and Economic Survey Publication 25.

Roen J. B. 1984. Geology of the Devonian black shales of the Appalachian basin: Organic Geochemistry [J]. 5: 241-254.

Salsman A D, Neyaei F. 2009. Minimize risk and improve efficiency associated with electric coiled tubing perforating operations [R]. SPE119365.

Santhana K, Stan J, Gisbergen V. 2008. Eliminating multiple interventions using a single rig - up coiled - tubing solution [R]. SPE94125.

Saucier R. 1974. Considerations in gravel pack design [J]. SPE Journal of Petroleum Technology, 26 (02).

Schlumberger. 2012. StimMORE Service Restores Well Productivity for a Major Barnett Shale Operator [EB/OL], www. slb. com/reservoircontact.

Schmoker J. 1981. Determination of organic-matter content of Appalachian Devonian shales from gamma-ray logs [J]. AAPG Bulletin, 65: 1285-1298.

Schultz C H. 2002. The Geology of Pennsylvania [M]. Pennsylvania Geologic Survey and Pittsburgh Geological Society special publication: Pittsburgh, PA.

Shumaker R C, 1996. Structural history of the Appalachian Basin, // The atlas of major Appalachian gas plays [M]: Morgantown, West Virginia, West Virginia Geological and Economic Survey Publication.

Soeder D J, Kappel W M. 2009. Water resources and natural gas production from the Marcellus Shale [M]. Hart Energy Publishing.

U. S. Energy Information Administration (EIA). 2012. Review of Emerging Resources: U. S. Shale Gas and Shale Oil Plays [EB/OL]. 2012-7, www. eia. gov, 2012-10.

Warpinski N R, Mayerhofer M J, Agarwal K, et al. 2013. Hydraulic-Fracture Geomechanics and Microseismic-Source Mechanisms [J]. SPE Journal (8): 766-780.

Warpinski N R, Kramm R C, Heinze J R, et al. 2005. Comparison of single- and dual-array microseismic mapping techniques in the Barnett shale [R]. SPE 95568.

Woodrow D L, Sevon W D. 1985. The Catskill Delta: Geological Society of America [J]. Special Paper 201: 246.

Wrightstone G R. 2008. Marcellus Shale: Regional overview from an industry perspective (abs.) [C]. AAPG Eastern Section Meeting: http: //www. papgrocks. org/wrightstone. pdf, accessed September 2016.

Y. Tian, W B Ayers, 2010. Barnett Shale (Mississippian), Fort Worth Basin, Regional Variations in Gas and Oil Production and Reservoir Properties [R]. SPE 137766.

Y. Zee Ma, Stephen A. Holditch. 2016. Unconventional Oil and Gas Resources Handbook: Evaluation and Development [M]. Gulf Professional Publishing.

Yekeen N, Padmanabhan E, Idris A K, 2018. A review of recent advances in foambased fracturing fluid application in unconventional reservoirs [J]. Journal of Industry Engineer Chemisty, 66, 45-71.

Zagorski W A, Wrightstone G R, Bowman D C. 2012. The Appalachian Basin Marcellus gas play: Its history of development, geologic controls on production, and future potential as a world-class reservoir, [J]. Shale reservoirs-Giant resources for the 21st century: AAPG Memoir 97, 172-200.

Zander D, Czehura M, Snyder D J. 2010. Well completion optimization in a North Dakota Bakken oilfield [R]. SPE 135227.

Zielinski R E, McIver R D, 1982. Resource and exploration assessment of the oil and gas potential n the Devonian gas shales of the Appalachian Basin [J]. 326.

Zinno R J, 2010. Microseismic monitoring to image hydraulic fracture growth [C]. AAPG Geosciences Technology Workshop, Rome, Italy.